"十四五"职业教育国家规划教材

网络综合布线技术

闫战伟　李　静　主　编

李向伟　刘奇超　张会龙　副主编

U0256424

电子工业出版社.

Publishing House of Electronics Industry

北京·BEIJING

内 容 简 介

本书根据职业院校实践教学的实际要求，以目前市场发展为基础，着重介绍了在多种网络弱电工程环境下的网络综合布线工程。其中包括工程的设计、施工、验收、招投标等各方面内容，同时将有关的国家标准和国际标准以及一些较新的技术渗透贯穿于课程中，保证教学内容的全面性。

本书强调知识的渗入，并力图开发学生的自我学习能力。通过三个工程实例的引用，将工程中的所有问题分解为多个任务，以任务驱动法进行详解。同时在任务需要的时候适当地加入相应的理论知识，以增强学习的渐进性。另外，本书内容生动，结构严谨，并配有大量图表，便于理解。

本书适合中高职院校网络技术和楼宇智能化等专业作为教材使用，也可以作为学生实习实践操作的指导用书。

图书在版编目（CIP）数据

网络综合布线技术 / 闫战伟，李静主编. —北京：电子工业出版社，2019.10

ISBN 978-7-121-37258-2

Ⅰ. ①网… Ⅱ. ①闫… ②李… Ⅲ. ①计算机网络—布线—职业教育—教材 Ⅳ. ①TP393.03

中国版本图书馆 CIP 数据核字（2019）第 181213 号

责任编辑：罗美娜

印　　刷：三河市兴达印务有限公司
装　　订：三河市兴达印务有限公司
出版发行：电子工业出版社
　　　　　北京市海淀区万寿路 173 信箱　邮编　100036
开　　本：787×1 092　1/16　印张：13.25　字数：339.2 千字
版　　次：2019 年 10 月第 1 版
印　　次：2024 年 6 月第 13 次印刷
定　　价：33.00 元

前言 | PREFACE

网络综合布线是建筑工程中的智能中枢系统，是建筑物中各种信息的传输通道。随着经济的发展，我国的建筑行业也取得了长足的发展，近年来的市场效应明显，前景十分广阔。综合布线行业作为基础设施的重要组成部分，显示出良好的发展势头。

同时，根据职业教育的特点，中职和高职学校的教学课程应该更加契合于实践工作教学。我国著名教育家陶行知先生说："毕一课即获一课之利。"即教学应该服务于实践应用。

本书结合了以上两个重要因素，同时为了更好地服务于综合布线教学工作，编者结合最新的国家标准，采用以工作过程为向导的教学思路编写了本教程。

本书共分为五个部分，准备项目 1 的内容以理论为主，介绍了综合布线的最基本的基础知识；准备项目 2 介绍了综合布线技术中的基本技能练习。后续的三个实训项目分别利用三个工程项目的实例介绍来指导学习，并且三个项目的难度和工程量都逐渐加大，有利于教师根据实际情况进行教学安排。实训项目 1 是普通公寓住宅的布线工程，内容简单并且任务较少，包含9 项具体任务，是每一位同学应该掌握的基本技能，内容丰实详细；实训项目 2 是单层办公楼的布线工程，内容相对复杂并且工程量稍大，共包含 11 项具体任务，是多数同学需要掌握的技能知识；实训项目 3 是一座多层宿舍楼的布线工程，规范要求更多并且更加复杂，共包含了17 项具体任务，是更高标准的技能项目，很多任务没有更多的详细介绍，目的是培养学生的自我学习能力，培养目标是布线工程的项目经理。

在本书中没有单独将过多的理论知识列出，而是在各个工程项目中需要的时候才罗列出来。在实际教学中，也可以将准备项目 2 中的基本技能穿插在实训项目的学习过程中。这种方式能够有效提高学生的学习兴趣，不致过早地因为理论难度导致教学困难和课堂困境。这种教学结构也可以让同学们充分利用课下时间进行自学，提高课堂教学效率。更重要的是，这种教学模式可以极大地帮助同学们了解综合布线工程的工作流程，能够对整个学习过程和学习进度有一个整体的认知。根据笔者多年的教学经验，这种结构模式有利于教学工作的灵活开展。

根据大多数中高职院校的教学计划，本课程可以完成前面两个实训项目，实训项目 3 可以根据实际情况进行灵活把握，也可以作为最后的实习课程来完成。除了实训项目 3，在每一个实训任务后都有相应的评价表，教师可以根据评价表对学生的作业进行评判，期末考核可以依据这些平时成绩汇总得到，也可以使用实训项目 3 作为考试内容。

建议教学课时分配表如下：

项　目	任　务　名　称	课　时　量
准备项目 1 综合布线的基础知识	任务 1　了解综合布线的意义	2
	任务 2　掌握综合布线的七个子系统	2
	任务 3　熟悉综合布线的相关标准	2
	任务 4　认识综合布线工程使用的工具（实训室参观）	2
准备项目 2 综合布线的基本技能练习	任务 1　制作 RJ45 水晶头	2
	任务 2　端接网络配线架	2
	任务 3　端接 110 型配线架和四对、五对连接块	2
	任务 4　端接数据模块和语音模块	2
	任务 5　端接大对数线缆	4
	任务 6　安装 SC 光纤快速连接器	2
	任务 7　熔接光纤	2
	任务 8　截取安装 PVC 线管	2
	任务 9　截取安装 PVC 线槽	2
实训项目 1 公寓住宅的综合布线工程	任务 1　了解建筑图纸	2
	任务 2　制定设计方案	2
	任务 3　绘制施工图	2
	任务 4　制作点数统计表	2
	任务 5　制作端口对应表	2
	任务 6　制作材料统计表	2
	任务 7　制作模拟施工设计图和设计表格	2
	任务 8　项目施工	4
	任务 9　系统测试与维修	2
实训项目 2 单层办公楼的综合布线工程	任务 1　了解建筑图纸	2
	任务 2　制定设计方案	2
	任务 3　绘制施工图	4
	任务 4　制作点数统计表	2
	任务 5　制作端口对应表	2
	任务 6　制作材料统计表	4
	任务 7　制作工程施工进度表	2
	任务 8　制作模拟施工设计图和设计表格	4
	任务 9　项目施工	6
	任务 10　系统测试与维修	2
	任务 11　制作施工总结验收报告	2
实训项目 3 多层宿舍楼的综合布线工程	任务 1　熟悉建筑图纸	30 （综合实习）
	任务 2　阅读招标书	
	任务 3　制定设计方案	
	任务 4　绘制系统拓扑图	
	任务 5　绘制工作区施工图	
	任务 6　制作点数统计表	
	任务 7　制作水平施工图	
	任务 8　制作端口对应表	
	任务 9　绘制管理间及设备间施工图	

项　　目	任 务 名 称	课 时 量
实训项目 3 多层宿舍楼的综合布线工程	任务 10　绘制垂直施工图	30 （综合实习）
	任务 11　绘制建筑群子系统施工示意图	
	任务 12　制作工程施工进度表	
	任务 13　制作材料统计预算表	
	任务 14　制作模拟施工的各种图表	
	任务 15　项目施工	
	任务 16　制作 FLUKE 系统测试报告	
	任务 17　制作施工日志及施工总结	
总　计		110

　　为了提高学习效率，方便教师教学，本书配有教学指南、电子教案、教学视频、习题参考答案。请有此需要的读者登录华信教育资源网免费下载，如有问题也可以在网站留言板留言。

　　本书由闫战伟负责整理策划和编写主要章节，李静、张会龙、李向伟、刘奇超负责了部分章节的编写工作。同时在编写过程中得到上海企想信息技术有限公司的大力支持，该公司为我们提供了相关的设备和技术。由于网络布线技术的飞速发展，也由于作者的水平有限，书中难免会有一些不足之处，敬请广大师生和从业技术人员提出批评意见。

编　者

CONTENTS | 目录

准备项目 1　综合布线的基础知识

项目描述

　　网络工程通常包括软件和硬件两个方面，是一种比较复杂的系统集成工程。综合布线的工作包括整个网络的规划设计、硬件施工和系统检测等几个步骤。根据本书的体系结构，在进行项目设计施工之前，我们需要进行一些基础知识的了解。

　　这些基础知识包括综合布线的意义和应用领域、七个子系统的认知、国内和国际的有关行业标准与规范。

项目实施

　　本部分内容主要是理论知识，通过文字、图片等方式来理解综合布线的意义；通过理论讲解灌输国际和国内行业标准的具体要求；通过实训室的参观和实物剖析理解七个子系统的分布和连接关系。

任务 1　了解综合布线的意义

知识介绍

　　综合布线在 20 世纪 80 年代开始逐渐兴起，它结合了计算机技术、网络技术、电工技术、建筑技术等各方面内容。随着网络的普及，综合布线和建筑业越来越密切相关，几乎每一座新建建筑物都进行了网络建设工程，并且随着技术和工程管理的进步，它和其他弱电工程以及暖通工程也产生了相辅相成的关系。近年来，随着大数据和云计算的快速发展，大型数据中心的数量大量增加，对综合布线的要求越来越高。并且随着物联网和智能家居行业发展速度的加快，综合布线的发展前景也会有巨大的空间。

一、综合布线的定义

　　综合布线是一种模块化的、灵活性极高的建筑物内或建筑群之间的信息传输通道。通过它可使语音设备、数据设备、交换设备及各种控制设备与信息管理系统连接起来，同时也使这些设备与外部通信网络相连。它还包括建筑物外部网络或电信线路的连接点与应用系统设备之间的所有线缆及相关的连接部件。综合布线由不同系列和规格的部件组成，其中包括：传输介质，相关连接硬件如配线架、连接器、插座、插头、适配器，以及电气保护设备等。这些部件可用

来构建各种子系统，它们都有各自的具体用途，不仅易于实施，而且能随需求的变化而平稳升级。（本定义来自百度百科）

二、综合布线的发展历史

早期的网络系统和电话系统都比较简单，所以布线系统是没有标准化的，只有强电的布线标准比较统一。随着网络和其他弱电系统的广泛应用，一些机构开始对布线系统提出更高要求。1985 年，计算机与通信工业协会（CCIA）与 EIA 联合开发建筑物布线标准，并取得一致，商用和住宅的语音和数据通信都有了相应的标准。美国电话电报公司贝尔实验室的专家经过多年的研究，在办公楼和工厂试验成功的基础上，于 20 世纪 80 年代末率先推出 PDS（建筑与建筑群综合布线系统），后来推出结构化布线系统 SCS。这个系统在兼容性、开放性、灵活性、可靠性、先进性和经济性等方面都有了详尽的规范，逐步应用于全世界。

1984 年，美国出现第一座智能化大楼——康涅狄格州的"都市办公大楼"。

1985 年，日本完成第一座智能大楼——东京青山大楼。

1989 年，我国建成第一座智能型建筑——北京发展大厦。

1992 年，开始使用三类布线系统，网络带宽 10MHz。

1995 年，开始使用五类布线系统，网络带宽达到 100MHz。

1999 年，逐渐使用超五类布线系统。

2000 年，六类布线系统发布，并开始应用。

2004 年，为了把视频、音频、语音和数据统一起来，七类布线系统出现并开始应用。

2010 年，ISO 国际标准化组织又推出传输带宽为 1000MHz 的 Cat.7A 类传输标准，ISO 和 TIA 这些国际的标准组织正在开发下一代数据中心支持 40GBase-T 的 Cat.8 布线系统。近年来，随着光纤到桌面和家庭的普及，光纤布线已经成为常规的方式。2013 年中国数据中心网络主干光和铜的比例大约是 70:30，在 2008 年这个比例大约是 20:80。

三、综合布线的日常意义

网络在日常生活中的应用越来越广泛，随着我们周围越来越多的事物需要接入互联网，几乎每一座建筑物的每一个房间都需要进行和网络有关的工程。在一个复杂的工程中可能包含了多种线缆和多种设备，形成一个综合性的系统工程。在这种工程中，线缆的合理布置就显得非常重要，整洁合理的布线能够清楚地表示所有线缆的意义和对应的方向，混乱的布线就会让整个网络变得混乱，给工作带来极大的不便。整洁的布线与混乱的布线如图 1-1 和图 1-2 所示。

图 1-1　整洁的布线

图 1-2　混乱的布线

因此，综合布线同传统的布线方式相比，有着无可比拟的优越性。其特点主要表现在它具有兼容性、开放性、灵活性、可靠性、先进性和经济性，而且在设计、施工和维护方面也给人们带来了方便。

四、综合布线的应用前景

综合布线在过去的一段时间里发展迅速，在未来可见的时间里依然有着良好的前景。因为本行业和建筑业密切相关，随着国民经济的快速发展，基本建设的大量进行，综合布线的应用还会不断扩大。另外，随着物联网行业、智能家居行业和数据中心的爆发性增长，各种相关行业的快速进步也会带动综合布线产业继续发展。但是在当前环境下，综合布线不再是独立存在的一项工程，而是和其他各种相关行业如强电布线、无线网络、安防工程甚至暖通工程和网络设备管理等相结合形成的复杂的系统集成工程，如图 1-3 和图 1-4 所示。

图 1-3　现代化的数据中心

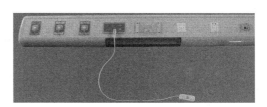

图 1-4　现代化医院病房中的各种接口

综合布线课程非常适合中职学生学习，技术难度不高，市场前景广阔，而且随着经济的发展，技术工人大量短缺，薪水也相当可观。相信在可预见的未来，商业楼宇、工业建筑、服务性行业建筑和其他行业的需求依然十分庞大。

 想一想

无线网的发展会代替有线网吗？

根据目前的网络发展前景，似乎无线网会一统天下，但是我们仔细想一想，无线网的天生弱点是什么？安全性和私密性差，可靠性和稳定性也不好。而我们使用网络的要求是什么呢？恰恰是安全性和稳定性。所以，无线网只能是有线网的补充和延伸，在关键的线路上只能是有线网为主。根据这一点，网络布线的发展不会有根本的改变，前景依然看好。

任务 2　掌握综合布线的七个子系统

 知识介绍

根据我国制定的国家标准《综合布线系统工程设计规范》（GB 50311—2007）和《综合布线系统工程验收规范》（GB 50312—2007），综合布线系统被分为七个子系统。在实际工程中，由于整个系统的连贯性，七个子系统的区分界限并不是非常明显，但是它们分别代表了不同的含义，如图 1-5 所示。根据从用户到远端的顺序依次为：工作区子系统、配线子系统（水平子系统）、管理间子系统、干线子系统（垂直子系统）、设备间子系统、进线间子系统、建筑群子系统。

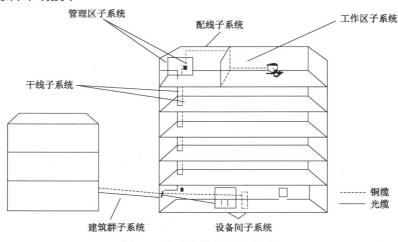

图 1-5　综合布线各子系统示意

（1）工作区子系统：一个独立的需要设置终端设备的区域宜划分为一个工作区。工作区应由配线（水平）子系统的信息插座模块（TO）延伸到终端设备处的连接缆线及适配器组成。一般来说，工作区子系统由跳线与信息插座所连接的终端设备组成。主要包括信息插座，终端设备以及跳线。其中信息插座有地面型、墙面型和桌面型等。信息插座由底盒、面板和模块组成。常用的模块有信息模块、语音模块。常用的终端设备有计算机、电话机、传真机、打印机、摄像头、监视器以及各种传感器件。

（2）配线子系统（水平子系统）：配线子系统应由工作区的信息插座模块至电信间配线设备（FD）的配线电缆和光缆组成，用来连接工作区子系统和管理间子系统，它涉及每个楼层的每一个信息点，线缆的使用数量最多，也是工程量最大、施工时间最长的一个子系统。由于关系到每一个信息点，所以对用户的影响也最大，施工要求也比较高。同时因为信息点分布比较分散，检测过程也比较长，需要进行重点检测。配线子系统使用的主要是各种线缆，包括双绞线、电话线、同轴电缆和光纤。

（3）管理间子系统：管理间子系统一般设置在每一个楼层的固定位置，用于连接配线子系统和干线子系统，比较大的系统中可以单独占用一个房间或者和其他设备共用一个房间，规模较小的系统中也可以使用壁挂式机柜安装在走廊、楼道等位置。管理间应对工作区、电信间、设备间、进线间的配线设备、缆线、信息插座模块等设施按一定的模式进行标识和记录。管理间子系统使用的设备主要有配线架、跳线架和各种连接跳线，并且未来用户需要在机柜中加入光电转换设备和交换机等。

（4）干线子系统（垂直子系统）：干线子系统用于连接楼层管理间和建筑物设备间的配线设备，通常安装在建筑物的水电井、电梯井等竖井中，没有竖井的建筑物也可以采用楼层板穿孔的方式安装在不易受外界影响的角落。主要使用设备材料为干线光缆和大对数语音线缆。

（5）设备间子系统：设备间是在每幢建筑物的适当地点进行网络管理和信息交换的场地。对于综合布线系统工程设计，设备间主要安装建筑物配线设备。电话交换机、计算机主机设备及入口设施也可与配线设备安装在一起。设备间用于连接干线子系统和由外界引入的线缆，通常设置在建筑物的较低楼层离竖井较近的单独房间。

（6）进线间子系统：进线间是建筑物外部通信和信息管线的入口部位，并可作为入口设施和建筑群配线设备的安装场地。进线间通常设置在设备间的旁边，如果房间数量不够也可以与设备间共用。

（7）建筑群子系统：建筑群子系统应由连接多个建筑物之间的主干电缆和光缆、建筑群配线设备（CD）及设备缆线和跳线组成。各种主干光缆主要采用钢缆架空或地下埋设的敷设方法。

 想一想

所有的布线工程都具备这些子系统吗？每一个工程的子系统都很相似吗？

其实也未必，很多布线工程实际上是根据建筑物的特点来进行设计的，由于大多数建筑都分为多个楼层，每个楼层都占据一定的面积，所以干线系统一般都在垂直方向，水平子系统都布置在同一个楼层。但是如果有一座长度很长的较矮的建筑物，就可以采用横向布置干线系统，纵向布置水平子系统的方式来完成设计，反而可能会更有效。所以布线的设计原则也不是绝对一成不变的，需要根据建筑的实际情况来进行。

任务 3　熟悉综合布线的相关标准

 知识介绍

作为建筑中弱电工程的一项重要组成部分，和其他工程一样，都离不开各种标准。很早以前，国际上就有了综合布线的行业标准，而在我国，行业依照的标准主要是《综合布线系统工程设计规范》（GB 50311—2007）和《综合布线系统工程验收规范》（GB 50312—2007）。除此之外，还有一些和智能建筑与安防工程有关的标准。并且，各个地方也在这些标准的基础上制定了适合本地域特点的地方标准。需要注意的是，这些标准的大多数条款并不是强制性的，但是为了保证工程的质量，遵循这些重要的基本原则对于高标准工程具有重要意义。

一、国家标准中的重要术语

（1）布线：能够支持信息电子设备相连的各种线缆、跳线、接插软线和连接器件组成的系统。

（2）建筑群子系统：由配线设备、建筑物之间的干线电缆或光缆、设备缆线、跳线等组成的系统。

（3）电信间：放置电信设备、电缆和光缆终端配线设备并进行缆线交接的专用空间。

（4）工作区：需要设置终端设备的独立区域。

（5）链路：一个 CP 链路或是一个永久链路。

（6）永久链路：信息点与楼层配线设备之间的传输线路。它不包括工作区缆线和连接楼层配线设备的设备线缆、跳线，但可以包括一个 CP 链路（见图 1-6）。

（7）集合点（CP）：楼层配线设备与工作区信息点之间水平缆线路由中的连接点。

（8）CP 链路：楼层配线设备与集合点（CP）之间，包括各端的连接器件在内的永久性的链路。

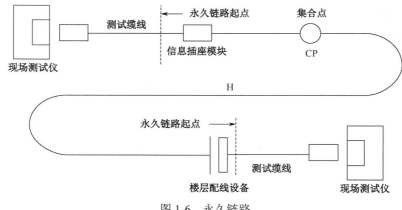

图 1-6　永久链路

（9）建筑群配线设备：终接建筑群主干缆线的配线设备。

（10）建筑物配线设备：为建筑物主干缆线或建筑群主干缆线终接的配线设备。

（11）楼层配线设备：端接水平电缆、水平光缆和其他布线子系统缆线的配线设备。

（12）光纤适配器：将两对或一对光纤连接器件进行连接的器件。

（13）建筑群主干电缆、建筑群主干光缆：用于在建筑群内连接建筑群配线架与建筑物配线架的电缆、光缆。

（14）建筑物主干缆线：连接建筑物配线设备至楼层配线设备及建筑物内楼层配线设备之间相连接的缆线。建筑物主干缆线可为主干电缆和主干光缆。

（15）水平缆线：楼层配线设备到信息点之间的连接缆线。

（16）永久水平缆线：楼层配线设备到 CP 的连接缆线，如果链路中不存在 CP 点，则为直接连接到信息点的连接缆线。

（17）CP 缆线：连接集合点（CP）至工作区信息点的缆线（见图 1-7）。

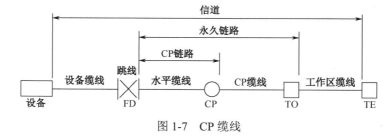

图 1-7　CP 缆线

（18）信息点（TO）：各类电缆或光缆终接的信息插座模块。

（19）跳线：不带连接器件或带连接器件的电缆线对与带连接器件的光纤，用于配线设备之间进行连接。（见图 1-8、图 1-9）

（20）缆线（包括电缆、光缆）：在一个总的护套里，由一个或多个同一类型的缆线线对组成，并可包括一个总的屏蔽物。

（21）光缆：由单芯或多芯光纤构成的缆线。

（22）线对：一个平衡传输线路的两个导体，一般指一个对绞线对。

（23）多用户信息插座：在某一地点，若干信息插座模块的组合。

图 1-8　网络跳线

图 1-9　ST 光纤跳线

二、GB50311—2016

1．各种缆线的长度要求

（1）信道的总长度不应大于 2000m，信道总长度为水平缆线与建筑物主干缆线及建筑群主干缆线长度的和。

（2）建筑物或建筑群配线设备之间（FD 与 BD、FD 与 CD、BD 与 BD、BD 与 CD）组成的信道出现 4 个连接器件时，主干缆线的长度不应小于 15m。

（3）配线子系统信道的最大长度不应大于 100m。

（4）工作区设备缆线，电信间配线设备的跳线和设备缆线之和不应大于 10m，当大于 10m 时，水平缆线长度（90m）应适当减少。

（5）楼层配线设备（FD）跳线，设备缆线及工作区设备缆线各自的长度不应大于 5m。

（6）建筑群与建筑物配线设备所设置的跳线长度不应大于 20m，如超过 20m 时主干长度应相应减少。

（7）建筑群与建筑物配线设备连至设备的缆线不应大于 30m，如超过 30m 时主干长度应相应减少。

（8）楼层配线设备（FD）跳线、设备缆线及工作区设备缆线各自的长度不应大于 5m。

（9）虽然在设计中不允许出现 CP 集合点，但是如果在施工过程中，出现穿线困难的情况，可以采用 CP 集合点连接两段线缆。但是集合点配线设备与楼层管理间（FD）之间水平线缆的长度应大于 15m，并且只能使用一个。集合点配线设备容量宜满足 12 个工作区信息点需求设置以便提高效率且便于管理。

（10）同一布线信道及链路的缆线和连接器件应保持系统等级与阻抗的一致性。

2．工作区的划分及设计要求

（1）设备的连接插座应该与连接电缆的插头匹配，不同的插座与插头之间应加装适配器。

（2）在连接使用信号的数模转换，光、电转换，数据传输速率转换等相应的装置时，应该采用适配器。

（3）对于网络规程的兼容，需要采用协议转换适配器。

（4）各种不同的终端设备或适配器均应当安装在工作区的适当位置，并应考虑现场的电源与接地。

（5）每个工作区的服务面积，应考虑不同的应用功能，如商业、文化、媒体、体育、医院、学校、交通、住宅、通用工业等类型，因此，对工作区面积的划分应根据应用的场合做具体的分析后确定。有些工作区就是一个房间或者比较明显的区域，但是有些则划分不明显。表 1-1 是 GB 50311—2007 中的划分方法。

表 1-1　各种工作区的面积

建筑物类型及功能	工作区面积（m²）
网管中心、呼叫中心、信息中心等终端设备较为密集的场地	3～5
办公区	5～10
会议、会展	10～60
商场、生产机房、娱乐场所	20～60
体育场馆、候机室、公共设施区	20～100
工业生产区	60～200

（6）每一个工作区信息插座模块（电、光）数量不宜少于 2 个，并满足各种业务的需求。

（7）底盒数量应以插座盒面板设置的开口数确定，每一个底盒支持安装的信息点数量不宜大于 2 个。

（8）工作区中安装在地面上的接线盒应防水和抗压，安装在墙面或柱子上的信息插座底盒、多用户信息插座盒及 CP 集合点配线箱体的底部离地面的高度宜为 300mm。

（9）每个工作区至少应配置 1 个 220V 交流电源插座，电源插座应选用带保护接地的单相电源插座，保护接地与零线应严格分开。

3．配线子系统的设计要求

（1）根据工程的近期和远期要求，用户性质、网络构成及实际需要确定建筑物各层需要安装信息插座模块的数量及其位置，并且配线应留有扩展余地。

（2）配线子系统缆线应采用非屏蔽或屏蔽 4 对对绞电缆，在需要时也可采用室内多模或单模光缆。

（3）光纤信息插座模块安装的底盒大小应充分考虑到水平光缆（2 芯或 4 芯）终接处的光纤盒留下的空间和光纤对弯曲半径的要求。

（4）从电信间至每一个工作区水平光缆宜按 2 芯光缆配置。

（5）光纤至工作区域满足用户群或大客户使用时，光纤芯数至少应有 2 芯备份，按 4 芯水平光缆配置。

（6）配线子系统缆线宜采用在吊顶、墙体内穿管或设置金属密封线槽及开放式（电缆桥架，吊挂环等）敷设，当缆线在地面布放时，应根据环境条件选用地板下线槽、架空地板布线等安装方式。

（7）缆线应合理地避开高温和电磁干扰的场地，以免对数据传输的效果产生影响。

（8）无论是光纤、双绞线还是同轴电缆等传输介质，如果弯曲过于严重，都会出现传输效果降低的现象，所以在进行设计时应该考虑到管线的弯曲半径应符合要求（具体请参考国家标准的细则）。

（9）为了保证水平电缆的传输性能及成束缆线在电缆线槽中或弯角处布放不会产生溢出的现象，无论是线槽还是线管在布线时都必须符合标准的截面利用率，即布线数量不能超标（具体请参考国家标准的细则）。

4．管理间子系统的设计要求

（1）综合布线系统工程宜采用计算机进行文档记录与保存，简单且规模较小的综合布线系统工程可按图纸资料等纸质文档进行管理，并做到记录准确、及时更新、便于查阅；文档资料应实现汉化。

（2）综合布线的每一电缆、光缆、配线设备、端接点、接地装置、敷设管线等组成部分均应给定唯一的标识符，并设置标识。标识符应采用长度相同的字母和数字等标明，且电缆和光缆的两端应相同（见图 1-10）。

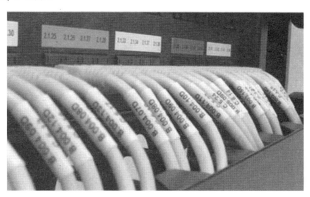

图 1-10　合理的标识符

（3）设备间、电信间、进线间的配线设备宜采用不同的颜色区别各类业务与用途的配线区（见图 1-11）。

图 1-11　不同颜色的线缆

（4）在电缆和光缆的两端，综合布线系统使用的标签应该采用不易脱落和磨损的方式标明相同的编号。所有标记方式都该应保持清晰、完整，并满足使用环境要求，如有损坏应该及时更换修补（见图 1-12 和图 1-13）。

图 1-12　数码环

图 1-13　彩色标签

（5）对于规模较大的布线系统工程，为提高布线工程维护水平与网络安全，宜采用电子配线设备对信息点或配线设备进行管理，同时用合理的管理系统显示与记录配线设备的连接、使用及变更状况，如图 1-14 中的综合布线管理系统。

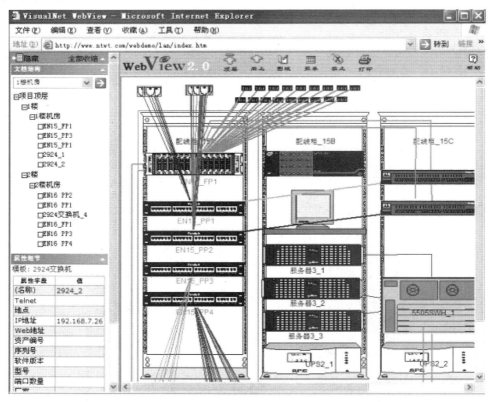

图 1-14　VisualNet 综合布线管理系统的界面

（6）多线对端子配线模块可以选用 4 对或 5 对连接模块，每个连接模块应卡接 1 根 4 对对绞电缆。一般 100 对卡接端子容量的模块可卡接 24 根（采用 4 对卡接模块）或卡接 20 根（采用 5 对卡接模块）4 对对绞电缆。25 对端子配线模块可卡接 1 根 25 对大对数电缆或 6 根 4 对对绞电缆。

（7）电信间 FD 采用的设备缆线和各类跳线宜按计算机网络设备的使用端口容量和电话交换机的实装容量、业务的实际需求或信息点总数的比例进行配置，比例范围为 25%～50%。

（8）楼层管理间的数量应按所服务的楼层范围及工作区面积来确定。如果该层信息点数量不大于 400 个，水平缆线长度在 90m 范围以内，宜设置一个管理间；当超出这一范围时宜设两个或多个电信间；每层的信息点数量较少，且水平缆线长度不大于 90m 的情况下，也可以几个楼层合设一个管理间。管理间主要为楼层安装配线设备的场地，并可考虑在该场地设置缆线竖井、等电位接地体、电源插座、UPS 配电箱等设施。在场地面积满足的情况下，也可设置建筑物诸如安防、消防、建筑设备监控系统、无线信号覆盖等系统的布缆线槽和功能模块的安装。如果综合布线系统与弱电系统设备合设于同一场地，从建筑的角度出发，称为弱电间。

（9）管理间应与强电间分开设置，电信间内或其紧邻处应设置缆线竖井。

（10）管理间的使用面积不应小于 5m^2，也可根据工程中配线设备和网络设备的容量进行调整。一般情况下，综合布线系统的配线设备和计算机网络设备采用 19" 标准机柜安装。机柜尺寸通常为 600mm（宽）×900mm（深）×2000mm（高），共有 42U 的安装空间。机柜内可安装光纤连接盘、R.145（24 口）配线模块、多线对卡接模块（100 对）、理线架、计算机交换设备等。如果按建筑物每层电话和数据信息点各为 200 个考虑配置上述设备，大约需要有 2 个 19"（42U）的机柜空间，以此测算管理间面积至少应为 5m^2（2.5m×2.0m）。

（11）管理间应采用外开丙级防火门，门宽大于 0.7m。管理间内温度应为 10～35℃，相对湿度宜为 20%～80%。安装信息网络设备时，应符合相应的设计要求。管理间温、湿度的保证措施由空调负责解决。

5. 干线子系统的设计要求

（1）干线子系统所需要的电缆总对数和光纤总芯数，应满足工程的实际需求，并留有适当的备份容量。主干缆线宜设置电缆与光缆，并互相作为备份路由。

（2）干线子系统主干缆线应选择较短的安全的路由。主干电缆宜采用点对点终接，也可采用分支递减终接。

（3）如果电话交换机和计算机主机设置在建筑物内不同的设备间，宜采用不同的主干缆线来分别满足语音和数据的需要。

（4）对语音业务，大对数主干电缆应按每一个电话 8 位模块通用插座配置 1 对线，并在总需求线对的基础上至少预留 10% 的备用线对。

（5）对于数据业务应以每个交换机群或以每个交换设备设置 1 个主干端口配置。每 1 群网络设备或每 4 个网络设备宜考虑 1 个备份端口。主干端口为电端时，应按 4 对线容量，为光端口时则按 2 芯光纤容量配置。

（6）当工作区至电信间的水平光缆延伸至设备间的光配线设备（BD/CD）时，主干光缆的容量应包括所延伸的水平光缆光纤的容量在内。

6. 建筑物设备间、建筑群设备间及进线间的设计要求

（1）在设备间内安装的建筑物配线设备干线侧容量应与主干缆线的容量相一致。设备侧的容量应与设备端口容量相一致或与干线侧配线设备容量相同。

（2）建筑物配线设备与电话交换机及计算机网络设备的连接方式亦应与楼层管理间的规定相同。

（3）建筑群主干电缆和光缆、公用网和专用网电缆、光缆及天线馈线等室外缆线进入建筑物时，应在进线间转换成室内电缆、光缆，并在缆线的终端处可由多家电信业务经营者设置入口设施，入口设施中的配线设备应按引入的电、光缆容量配置。

（4）电信业务经营者在进线间设置安装的入口配线设备应与建筑物或整个建筑群之间敷设相应的连接电缆、光缆，实现路由互通。缆线类型与容量应与配线设备一致，并应留有2～4孔的余量。

（5）建筑群系统宜安装在进线间或设备间，并可与入口设施或某一建筑物设备间合用场地。

（6）建筑群配线设备内、外侧的容量应与建筑物内连接某一建筑物配线设备的建筑群主干缆线容量及建筑物外部引入的建筑群主干缆线容量相一致。

（7）设备间位置应根据设备的数量、规模、网络构成等因素，综合考虑确定。

（8）每幢建筑物内应至少设置1个设备间，如果电话交换机与计算机网络设备分别安装在不同的场地或根据安全需要，也可设置2个或2个以上设备间，以满足不同业务的设备安装需要。设备间是大楼的电话交换机设备和计算机网络设备，以及建筑物配线设备（BD）安装的地点，也是进行网络管理的场所。对综合布线工程设计而言，设备间主要安装总配线设备。当信息通信设施与配线设备分别设置时考虑到设备电缆有长度限制的要求，安装总配线架的设备间与安装电话交换机及计算机主机的设备间之间的距离不宜太远。

（9）设备间宜处于干线子系统的中间位置，并考虑主干缆线的传输距离与数量，并且宜尽可能靠近建筑物线缆竖井位置，有利于主干缆线的引入。

（10）设备间的位置宜便于设备接地，应尽量远离高低压变配电、电机、X 射线、无线电发射等有干扰源存在的场地。

（11）设备间室内温度应为10～35℃，相对湿度应为20%～80%，并应有良好的通风。

（12）设备间内应有足够的设备安装空间，其使用面积不应小于10m^2，该面积不包括程控用户交换机、计算机网络设备等设施所需的面积在内。梁下净高不应小于 2.5m，采用外开双扇门，门宽不应小于 1.5m。应防止有害气体（如氯、碳水化合物、硫化氢、氮氧化物、二氧化碳等）侵入，并应有良好的防尘措施，尘埃含量限值符合规定。

（13）机架或机柜前面的净空不应小于800mm，后面的净空不应小于600mm。壁挂式配线设备底部离地面的高度不宜小于300mm。

（14）进线间应设置管道入口，同时满足缆线的敷设路由位置及数量、光缆的盘长空间和缆线的弯曲半径、维护设备、配线设备安装所需要的场地空间和面积。

（15）进线间的大小应按进线间的进局管道最终容量及入口设施的最终容量设计。同时应考虑满足多家电信业务经营者安装入口设施等设备的面积。

（16）进线间宜靠近外墙和在地下设置，以便于缆线引入。进线间应防止渗水，布线系统垂直竖井沟通，采用相应防火级别的防火门；门向外开，宽度不小于1000mm；应设置防有害气体措施和通风装置，排风量按每小时不小于5倍容积计算；与进线间无关的管道不宜通过，入口管道口所有布放缆线和空闲的管孔应采取防火材料封堵，做好防水处理；在进线间安装配线设备和信息通信设施时，应符合设备安装设计的要求。

7. 布线系统的测试指标

综合布线系统产品技术指标在工程的安装设计中应考虑机械性能指标（如缆线结构、直径、材料、承受拉力、弯曲半径等）。

相应等级的布线系统信道及永久链路的具体指标项目，应包括下列内容：5 类布线系统应考虑指标项目为衰减、近端串音（NEXT）。5e 类、6 类、7 类布线系统，应考虑指标项目为插入损耗（IL）、近端串音、衰减串音比（ACR）、等电平远端串音（ELFEXT）、近端串音功率和（PS NEXT）、衰减串音比功率和（PS ACR）、等电平远端串音功率和（PS ELEFXT）、回波损耗（RL）、时延、时延偏差等。

8．强制性标准

《综合布线系统工程设计规范》（GB 50311—2016）的 8.0.10 条文为强制性标准，必须严格执行。本条内容说明为"当电缆从建筑物外面进入建筑物时，应选用适配的信号线路浪涌保护器，信号浪涌保护器应符合设计要求"。

在建筑物密集，人口大量集中的大中型城市，雷击事故多发，对人员财产安全造成巨大损失，此条文对于网络硬件设备的保护具有重要意义。

配置浪涌保护器的主要目的是防止雷电通过室外线路进入建筑物内部设备间，击穿或者损坏网络系统设备。

 想一想

除了强制标准之外的就不需要遵守了吗？

在 GB 50311—2007 中，除了一条有关防雷的标准，其他的均不是强制标准，可能有些工程技术人员会认为这些就不需要严格遵守了。但是它们的意义不仅仅在于有一个标准，更重要的是让工程结果能够更加符合用户的需求，同时符合未来发展的需要。严格遵守这些标准能够让工程设计施工与世界接轨，也能够帮助施工企业在以后的市场竞争中立于不败之地。所以，虽然严格执行所有非强制标准会让工程成本有所提高，但是从长远来看依然有重要的前瞻性意义。

任务 4　认识综合布线工程使用的工具

 知识介绍

综合布线工程关系到各种各样的环境，涉及的工具种类和数量都比较大。在实训室中能够用到的工具也很多，根据使用环境不同一般分为三类。

一、综合布线工具箱

实训室常用的综合布线工具箱如图 1-15 所示。其中有以下工具。

图 1-15　综合布线工具箱

（1）200mm 直角尺：用于在线槽上画线，包括直线和 45°角的斜线，如图 1-16 所示。

（2）十字螺丝刀：用于安装十字形螺丝，如图 1-17 所示。

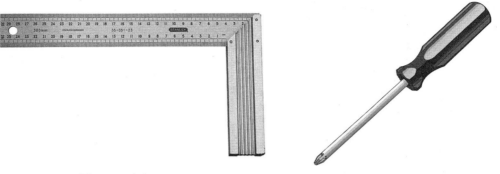

图 1-16　直角尺　　　　　　　　　　　　　　图 1-17　十字螺丝刀

（3）一字螺丝刀：用于安装一字形螺丝，如图 1-18 所示。

（4）单口打线钳：用于模块、配线架和各种连接块上线缆的端接，如图 1-19 所示。

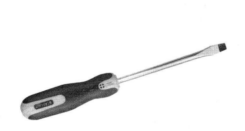

图 1-18　一字螺丝刀　　　　　　　　　　　　图 1-19　单口打线钳

（5）五对打线钳：有一定冲压功能，通常用于十芯线缆的端接，也可以用于安装五对或者四对连接块，如图 1-20 所示。

（6）剥线器：能够方便地剥去双绞线或者其他线缆的外皮，如图 1-21 所示。

图 1-20　五对打线钳　　　　　　　　　　　　图 1-21　剥线器

（7）斜口钳：用于截取线缆或者光纤，如图 1-22 所示。

（8）活动扳手：用于六棱螺帽的固定，如图 1-23 所示。

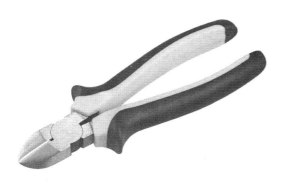

图 1-22　斜口钳　　　　　　　　　　　图 1-23　活动扳手

（9）老虎钳：用于截断比较硬的线缆或者钢缆，如图 1-24 所示。

（10）尖嘴钳：用于狭窄位置的线缆截取或者线缆固定，如图 1-25 所示。

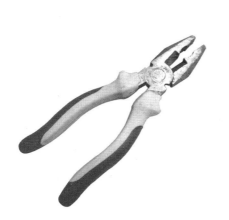

图 1-24　老虎钳　　　　　　　　　　　图 1-25　尖嘴钳

（11）测线器：用于双绞线或者电话线通断情况的测试，如图 1-26 所示。

（12）计算器：用于进行各种数据的计算，如图 1-27 所示。

图 1-26　测线器　　　　　　　　　　　图 1-27　计算器

（13）5m 钢卷尺：用于量取各种线缆、线管和线槽的长度，如图 1-28 所示。

（14）美工刀：用于各种软质材料的切割和截取，如图 1-29 所示。

图 1-28　钢卷尺 　　　　　　　　　　　　　图 1-29　美工刀

（15）直径 20mm 弯管弹簧：用于对 PVC 线管进行冷加工，制作手工弯头，如图 1-30 所示。

（16）剪管刀：用于截断 PVC 线管，如图 1-31 所示。

图 1-30　弯管弹簧 　　　　　　　　　　　图 1-31　剪管刀

（17）电工剪刀：用于截取线缆、PVC 线槽或者其他材料，如图 1-32 所示。

（18）30cm 钢锯：用于截取 PVC 线管线槽，如图 1-33 所示。

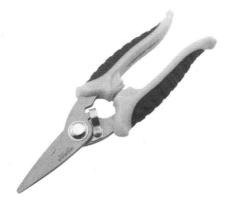

图 1-32　电工剪刀 　　　　　　　　　　　图 1-33　钢锯

（19）RJ45、RJ11 压线钳：用于压接网络和电话水晶头，也可以用于线缆的截取或线芯的截取，如图 1-34 所示。

（20）5m 穿线钢丝：利用其本身良好的弹性，用于在各种规格的 PVC 线管中进行穿线，如图 1-35 所示。

图 1-34　压线钳

图 1-35　穿线钢丝

二、光纤工具箱

实训室常用的光纤工具箱，如图 1-36 所示。其中有以下工具。

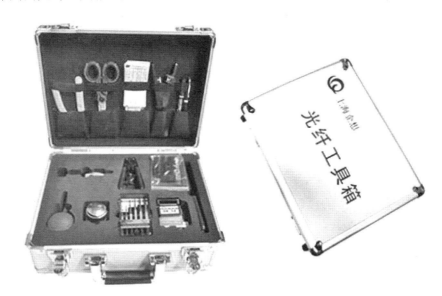
图 1-36　光纤工具箱

（1）皮线光缆开剥器：专门用于皮线光缆的开剥，如图 1-37 所示。

（2）光纤定长器：用来卡住光纤控制剥去涂层的长度。大多数定长器的控制长度可以根据需要进行调整，如图 1-38 所示。

（3）米勒钳：用来剥去光纤表面的涂层，如图 1-39 所示。

（4）光纤切割刀：因为光纤在进行切割的时候要求较高，切好之后必须经数百倍放大观察仍是平整光洁的，才可以进行熔接或冷接，否则在不整齐的断面下光线溢出就会造成巨大损耗。所以光纤切割刀要精度高，强度高，刀口锋利，才可以保证切削截面的镜面效果，如图 1-40 所示。

图 1-37　皮线光缆开剥器

图 1-38　光纤定长器

图 1-39　米勒钳

图 1-40　光纤切割刀

（5）横向开缆刀：用于室外光缆的开剥，包含有推进旋钮和圆形刀片，如图 1-41 所示。

（6）剪刀：用于剪断光纤束管，如图 1-42 所示。

图 1-41　横向开缆刀

图 1-42　剪刀

（7）蛇头钳：用于剪断皮线光缆或者室外光缆中的加强钢丝，如图 1-43 所示。

（8）内六角扳手：用于拆装光纤切割刀上的定长器或者光缆固定螺栓，如图 1-44 所示。

图 1-43 蛇头钳

图 1-44 内六角扳手

（9）洗耳球：用于吹掉光纤切割刀周围散落的碎光纤，也可以用来清洁其他不能进行擦拭的部件如熔接机电极，如图 1-45 所示。

（10）酒精泵瓶：用于盛放无水酒精，方便使用无尘棉布蘸取酒精，同时避免酒精的快速挥发，如图 1-46 所示。

图 1-45 洗耳球

图 1-46 酒精泵瓶

（11）微型螺丝刀：用于调整光纤切割刀和其他部件的拆卸，如图 1-47 所示。

（12）笔式切割刀：可以快速简洁地切割光纤，在冷接过程中如果操作得当能够代替光纤切割刀，并能使光纤保持良好的光学性能，如图 1-48 所示。

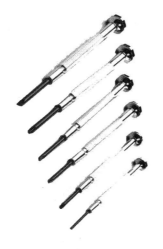

图 1-47 微型螺丝刀

图 1-48 笔式切割刀

三、光纤熔接机（见图1-49）

图1-49　光纤熔接机

　　因为光传输对光纤的要求很高，在纤芯中不能有杂质、气泡、缝隙等影响光线传输效果的各种因素。所以在光纤进行连接的时候，必须采用特殊的方法，如果是短距离的家庭入户光纤，可以采用比较简便易行的冷接方式完成。但是如果是长距离的主干光纤，就有更加严格的要求。连接之后的光纤必须和没有连接的光纤有着完全相同的传输效果，这样就只能采用一种方法使两条断开的纤芯重新连接成为一条，像新的一样，这就用到了光纤熔接机。

　　光纤熔接机的作用是使用加热电极对两条纤芯的顶端进行局部加热，使其熔化，待冷却后重新凝结成固态，成为一条没有任何瑕疵的纤芯。这里就需要其他的各种工具进行配合使用，例如使用光纤切割刀对纤芯进行平整度极高的切割，使用清洁度很高的无水酒精擦拭光纤等。

　　因为这些因素，工作人员需要熟练掌握熔接的技巧和细致的工作态度，才能保证熔接出来的光纤达到使用标准。这些都需要长时间的练习才能熟练掌握。

 想一想

　　在施工中是不是必须使用专用的工具？能不能用简易的工具代替？

　　一个有经验的施工人员对工具的要求非常高，他们都喜欢使用价格昂贵的进口品牌工具，这个关系到他的工作效率和工作任务的成功率。比如一把优质的剥线刀能够根据线缆的情况调整刀片的深度，可以进行准确的切割且丝毫不会影响到里面的线芯，但是在有些地方工作人员就会使用美工刀来代替，不仅效率降低，还有可能损坏线芯造成线缆不通。其他各种工具莫不如此，所以我们应该注重工具对施工的影响，要使用高品质的工具并经常进行工具的检查和保养，使其能够保持良好的工作状况。

准备项目 2　综合布线的基本技能练习

项目描述

综合布线是一项弱电工程，除了项目的设计，职校生需要掌握一定的基本操作技能，这样更有利于在项目工程中了解并完成工作。

这些基本技能包括各种线缆的端接，如双绞线、大对数线缆和皮线光缆的端接以及主干光缆的熔接；各种配线架和跳线架的端接；机柜、线槽、线管和底盒面板的安装。尤其是各种线缆的端接，关系到整个综合布线工程的成功率。假设一路线缆共有 6 次端接，而每一次端接包括 8 条线芯，则共有 48 芯的端接，如果成功率比较低，就有可能造成整个工程的大面积失败，给以后的工程验收和后期维护带来巨大困难。所以端接技能是练习重点，必须通过一定的练习来保证成功率。

项目实施

本章内容主要是实践操作，通过在实训室的技能训练和测试完成学习。每一项练习都有相应的文字介绍、图片，项目最后还有测试标准和评价方法。

任务 1　制作 RJ45 水晶头

任务说明

双绞线是综合布线工程中最常用的线缆，大量的信息点都要通过一根合格的跳线来连接交换机和配线架最终到达网络的远端。正确并且快速地制作一根合乎标准的网络跳线是工程中最重要的一项基本技能。通过本任务的学习，学生需要了解判断线缆与水晶头质量好坏的方法，掌握制作合格 RJ45 水晶头的方法，并掌握检测跳线的一般方法。

任务内容

一、水晶头的结构及鉴别方法

水晶头（见图 2-1）是网络中最常用的小部件，在整个工程中占用资金很少却对整个网络的效果影响巨大。如果质量较差，很容易给管理人员带来很大的麻烦，并且维修起来也很困难，维修工期也比较长。最常用的超五类水晶头的内部结构如图 2-2 所示。水晶头内部包含 8 个铜片，每个铜片对应一条线芯，当制作完成后，8 个铜片的尖爪扎入线芯外皮并接触到铜线，从而保证线缆的通畅。另外，水晶头的背面还有一个具有弹性的塑料片，用来卡住交换机、配线架、网卡或者信息面板的端口。

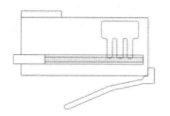

图 2-1　超五类水晶头 　　　　　　　　图 2-2　超五类水晶头的内部结构

除了普通的超五类水晶头，还有六类水晶头和屏蔽水晶头，如图 2-3 和图 2-4 所示，它们的价格要高一些，需要匹配六类线或者屏蔽线，但是传输效果更好，速度更快。

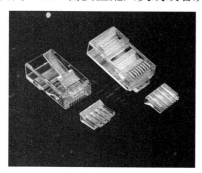

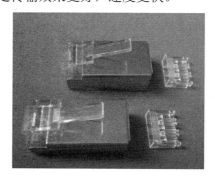

图 2-3　六类水晶头 　　　　　　　　　图 2-4　屏蔽水晶头

水晶头按照传输性能分为 5 类水晶头、6 类水晶头和 7 类水晶头。水晶头按照抗干扰性可以分为屏蔽水晶头和非屏蔽水晶头。

市场上各种品牌的水晶头种类丰富，价格差别巨大，便宜的可以达到两三分钱一个，价格比较昂贵的能够达到一两块钱，性能和易用性上也差别巨大。所以在选购水晶头时需要认真挑选。常见的辨别水晶头优劣的方法有以下几条。

（1）优质的水晶头具有类似于水晶的光泽，外部表面光滑，各部位材质相同，透明度高，无杂质。

（2）水晶头背面的塑料弹片韧性好，弯折 180°不会折断，松开后不会变形。

（3）将一把水晶头放在手中轻微晃动，如果响声清脆，说明材料较好，如声音沉闷，则质量较差。

（4）可以将水晶头与其他有 RJ45 端口的设备（网卡、交换机等）进行连接，连接后如结合紧密，不产生晃动，并且在不按住塑料弹片的情况下就无法取下，说明其规格准确；反之如果连接后有明显的缝隙，轻轻一拔就能拿下来，说明存在质量问题。

（5）顶端的铜片质量对水晶头影响巨大，也可以查看金属端子的边缘是否整齐而且没有金属毛刺。

（6）水晶头铜片颜色应为金黄色，而劣质的产品则会有表面氧化发黑的情况出现。

（7）用刀片刮水晶头的金属接触片部分，如果上面的金黄色能轻松刮掉，里面的颜色发暗，则说明为镀铜产品，肯定为劣质品。

二、双绞线的结构特点及鉴别方法

在综合布线工程中，双绞线是使用量最大的材料，占整个预算中的大部分。双绞线是由两根具有绝缘保护层的铜导线组成，按照一定的节距互相绞在一起。目前，双绞线可分为 UTP（非屏蔽双绞线）和 STP（屏蔽双绞线，由铝泊或者铜网包裹着，价格相对高一些）。STP 双绞线按照传输性能又可以分为 5 类双绞线、超 5 类双绞线、6 类双绞线、7 类双绞线。在市场上最常见的超五类双绞线包含 4 对共 8 条线芯。分别为蓝、橙、绿、棕四种颜色，每一个线对都有一条色线和一条对应的白线，在白线上都有相对应色线的标记，防止施工人员混淆，如图 2-5 所示。在一些高标准的工程项目中，也可能会用到六类双绞线，六类线和超五类线结构相同，但是线芯较粗，而且螺旋程度比较高，扭矩较小，并且在线缆的中心有一个十字形的塑料架将四对线芯隔离开，如图 2-6 所示。

图 2-5　超五类双绞线　　　　　　　图 2-6　六类双绞线

由于双绞线的用量大，密切关系到施工成本，有些施工企业就会为了节约成本而使用质次价廉的线缆。但是这样一来，就会严重影响到工程质量，甚至有可能因为工程不能达标而导致更大损失。所以在购买线缆的时候必须具备一定的鉴别能力。下面把鉴别双绞线好坏的方法简单列出。

（1）铜芯直径：可以使用游标卡尺测量外径。优质超五类线的线径应略大于 0.5mm。

（2）正常的线缆应该使用优质的铜材，查验的时候可以剪掉一小段线缆，如果能被磁铁吸引，说明是铁芯线，这种线缆因为电阻大，会严重影响传输效率和传输距离。

（3）稍微差一些的线缆，也可能使用铝材作为线芯，这种情况下使用磁铁是无法鉴别的，但是使用小刀用力刮擦线芯表面就可以去除表面的铜材看到银白色的铝线芯。

（4）优质双绞线外层的胶皮具有阻燃特性，在火苗中可以燃烧，但是一旦火苗离开就会熄灭，而质量较差的双绞线则使用普通的易燃材料制成，火苗可以持续燃烧。

（5）优质的双绞线为了防止各个线对之间的传输信号会互相干扰，各线对的缠绕圈数是不一样的，如果各个线对的绞距一致，说明线缆质量不高，传输距离无法达标。

（6）整箱双绞线的标准长度是 1000 英尺，约为 305 米。在线缆外皮上每隔 1 米就会有长度标注，某些进口线缆标注单位为英尺。可以拉出一段用比较准确的尺子测量，如果数值比较准确就表示线缆比较规范，如果缩水较多就表示线缆的质量不太好。

三、RJ45 水晶头的线序

（1）两种国际标准线序：有关水晶头的线序有各种提法，一般来说，最常见的是 T568A 和 T568B 两种国际标准。在这两种线序中，1、2、3、6 这四条线芯起到了数据传输的作用，分别如图 2-7 和图 2-8 表示。

在综合布线施工中，工程技术人员可以使用这两种线序中的任何一种，但是需要注意的是，在一项工程中只能使用其中一种，不能混合使用，否则会引起很多不必要的麻烦。

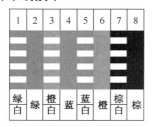

图 2-7　T568A 线序

1	2	3	4	5	6	7	8
绿白	绿	橙白	蓝	蓝白	橙	棕白	棕

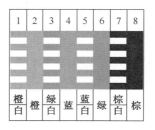

图 2-8　T568B 线序

1	2	3	4	5	6	7	8
橙白	橙	绿白	蓝	蓝白	绿	棕白	棕

（2）两种跳线：布线工程中经常用到的跳线分为两种。一种为"直通线"，两端的线序相同（T568A 和 T568B 均可），通常用于计算机和交换机的连接，也用于布线工程中配线架和交换机的连接。另一种为"交叉线"，两端线序不同，一端为 T568A，另一端为 T568B，通常用于两个同种设备的直接相连，比如直接连接两台计算机或者两个交换机。

四、RJ45 水晶头的制作方法

（1）选择正确的双绞线线缆，使用网线钳或者剥线刀从一端剥去大于 20mm 的外绝缘护套，注意不能损伤到 8 根线的铜线芯和绝缘层，一旦损伤，必须剪掉重新开始，以免不通，如图 2-9 所示。

（2）使用电工剪刀剪去牵引线，并按照橙、绿、蓝、棕的顺序排列好，如图 2-10 所示。

图 2-9　使用剥线刀剥去线皮

图 2-10　剪去牵引线并排列好的 4 对线芯

（3）对 4 对线进行解开缠绕。

（4）将 8 根线芯按照标准排好线序，注意从根部就要拨开分离，保证不互相缠绕，以免后面插入水晶头时再次混乱导致线序错误，如图 2-11 所示。

（5）剪齐线头，只留下 12～14mm 线芯，如图 2-12 所示。线头太短无法塞入水晶头顶端，导致无法接通；太长则会容易松动断开，并且引起较大的近端串扰影响数据传输速度。

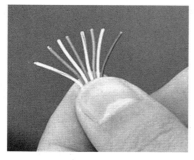

图 2-11　分好线序的双绞线

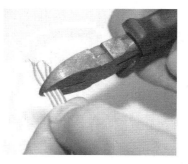

图 2-12　剪齐线头

（6）以水晶头铜片一面朝向自己，弹片朝向背后的方向拿起水晶头，将白橙线在左侧第一个位置为标准，将水晶头套入 8 根线芯，每芯线必须对准每一个刀片插到底，并且保持顶端线序正确，如图 2-13 所示。如果线芯太长，就会导致线缆护套留在水晶头之外，制作完成之后无法压紧护套，如图 2-14 所示。

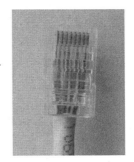

图 2-13　合格的 RJ45 水晶头　　　　　图 2-14　线芯太长的水晶头

（7）将塞入线芯的水晶头放入压线钳对应的刀口中，用力压紧，取出水晶头目测检查线序是否正确以及线芯是否插入到底。

五、跳线的测试方法

两端都已经做好水晶头的跳线，必须经过测试才能使用，根据测试标准的不同，可以使用以下两种方法进行。

（1）使用普通测试仪。把网络跳线两端的 RJ45 水晶头分别插入到跳线测试仪的两个端口，按下按钮，观察测试仪上指示灯的闪烁顺序。如果有一根线芯或多根线芯压接不到位，对应的指示灯不亮。如果有线序错误，指示灯就会指示错误的亮灯顺序，如图 2-15 所示。

（2）使用精密的测试设备。把网络跳线两端的 RJ45 水晶头分别插入到 FLUKE 测试仪的两端，如图 2-16 所示。按下 TEST 按钮，可以检测跳线的长度、线序、通断情况，并且可以给出各项比较复杂指标的测试结果和详细书面报告。

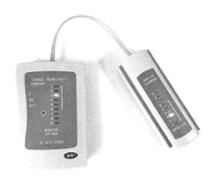

图 2-15　在测试仪上测试跳线　　　　　图 2-16　使用 FLUKE 测试仪测试跳线

六、RJ45 水晶头制作过程中常见的问题

（1）线芯长度太长，双绞线外皮护套没有压接到位，容易松动，不符合 GB 50312—2007 的相关规定。

（2）线芯长度太短，不能插入到底，导致水晶头的刀片不能完全和线芯接触，同样不符合规定，如图 2-17 所示。

（3）线头没有剪齐，导致部分线头无法准确接触到铜片，如图 2-18 所示。

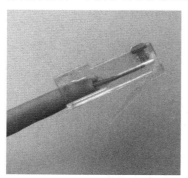

图 2-17　线芯长度太短的水晶头　　　　图 2-18　线头不整齐的水晶头

（4）线序错误。

（5）没有去掉牵引线。

想一想

跳线的线序到底是不是只有 T568A 和 T568B 这两种呢？有没有其他的线序？

根据 IEEE 对网卡的定义，1、2 两个口负责发送，3、6 两个口负责接收。而双绞线的两根线芯绞合在一起是可以降低干扰的，所以 1、2 两根线芯必须是一对，3、6 两根线芯必须是一对。根据这个原理，T568A 和 T568B 的线序中使用了橙色和绿色的两对。但是使用者也可以使用别的线序，只要保证 1、2 是一对，3、6 是一对就可以使用。比如蓝白、蓝、棕白、橙、橙白、棕、绿白、绿。

但是，由于橙绿两对线的传输速度相对较快一些，并且为了工程标准统一，不至于产生线序混乱引起的维护成本提高，大家一般还是遵从 IEEE 制定的标准，而不采用自己进行定义的线序。

任务 2　端接网络配线架

任务说明

在管理间子系统中，大量的线缆沿着配线子系统（水平子系统）汇聚到机柜中，而网络配线架则是这些线缆的终点，掌握配线架的端接技术是一项重要技能。在本任务中，学生要熟悉各种配线架的线序，掌握配线架的端接方法，能够快速准确地完成多条线缆的端接，还要学会配线架的测试方法并检测和维修自己完成的任务。

任务内容

一、配线架的线序

配线架的生产厂家很多，很多品牌都会有自己定义的线序，但是在配线架进行端接的一面，通常都有彩色的图示卡，分别指示 T568A 和 T568B 两种规范，方便工程人员在施工时参考。图 2-19 和图 2-20 列出比较常见的两种情况。

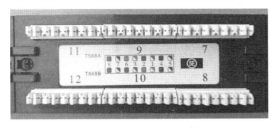

图 2-19　企想配线架的线序

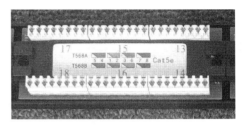

图 2-20　其他配线架的线序

二、配线架的端接方法

（1）选择正确的双绞线线缆，使用剥线器或者剥线刀从一端剥去大于 30mm 的外绝缘护套，注意不能损伤到 8 根线的铜线芯和绝缘层，一旦损伤，必须剪掉重新开始，以免测试不通导致后期维护困难。

（2）剪去牵引线。

（3）分开 4 对线芯，并反向解开缠绕。

（4）将 8 根线芯按照配线架上的颜色标识排好线序，注意从根部就要拨开分离，保证不互相缠绕。

（5）一只手拿紧线缆的护套，一只手依次将 8 根线芯塞入配线架的 8 个端接卡位，注意线缆的外皮护套应该位于 8 根线芯的中间位置，保证每一根线芯在端接后露出的长度不超过 14mm，太长则会引起较大的近端串扰影响数据传输速度。为了保证线缆外皮护套居中，在卡入线芯的时候可以先卡入中间两芯，比如企想配线架中 T568B 线序中的第 4 芯——绿白和第 5 芯——橙，如图 2-21 所示。

（6）使用单口打线钳对准配线架的端接卡位，单口打线钳的刀片朝向多余线头的一侧，用力下压，将线芯压入卡位，铜线芯与卡位的铜刀片紧密接触，可以保证连通，同时单口打线钳的刀片一侧还可以将多余的线头切断，如图 2-22 所示。

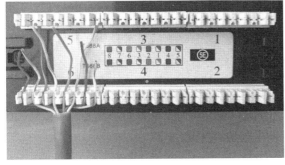

图 2-21　将线芯卡入配线架

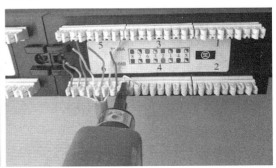

图 2-22　将线芯压入配线架并切断线头

（7）目测检查线序是否正确，线缆是否居于此端接模块的正中位置，如图 2-23 所示。

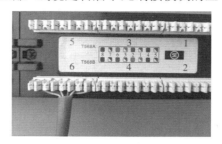

图 2-23　端接好的配线架

三、配线架端接的测试

在进行练习的时候，可以将一条双绞线的两端分别端接在配线架的两个端口上，测试的时候将两个端口用网络跳线连接到测试仪的两个端口，打开开关，观察测试仪上指示灯的闪烁顺序。如果有一根线芯或多根线芯压接不到位，对应的指示灯就不会亮。如果有线序错误，指示灯则会指示错误的亮灯顺序。

四、配线架端接中常见的问题

（1）线芯剥开的长度太长，超过 14mm，护套没有紧贴配线架，如图 2-24 所示。

（2）线芯位置不整齐，导致双绞线位置偏离端接模块的中心，使得某几根线芯的长度超过 14mm，如图 2-25 所示。

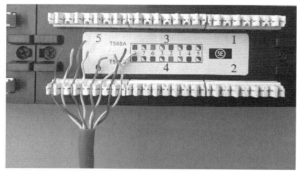

图 2-24　端接线芯太长　　　　　　　　　　图 2-25　双绞线偏离中心

（3）线序错误。

（4）使用单口打线钳压接不到位，测试不通过。

（5）没有去掉牵引线。

任务 3　端接 110 型配线架和四对、五对连接块

任务说明

在管理间子系统中，除了网络配线架，还有大量的电话线缆也会集中到机柜中，这些线缆的终点是 110 型配线架（俗称跳线架），通常与跳线架配合的是四对或五对连接块，用来进行

两段线缆的连接。因此，掌握跳线架和连接块的端接技术是一项重要技能。在本任务中，学生要掌握跳线架和连接块的端接方法，能够快速准确地完成多条线缆的端接，还要学会跳线架的测试方法并检测和维修自己完成的任务。

任务内容

一、跳线架的结构

跳线架的大小尺寸和普通的配线架相近，由左、右两部分组成，每一部分包含上下两个 25 对模块，每个跳线架共可以端接 200 条线芯。

二、双绞线在跳线架上的端接

（1）选择正确的双绞线线缆，使用剥线钳或者剥线刀从一端剥去大于 30mm 的外绝缘护套，注意不能损伤到 8 根线的铜线芯和绝缘层，一旦损伤，必须剪掉重新开始，以免不通。

（2）剪去牵引线。

（3）分开 4 对线芯，并反向缠绕开。

（4）将 8 根线芯按照配线架的排列顺序调整好线序，注意从根部就要拨开分离，保证不互相缠绕。

（5）一只手拿紧线缆的护套，另一只手依次将 8 根线芯塞入跳线架的 8 个连续的端接卡位，注意护套应该位于 8 根线芯的中间位置，如图 2-26 所示。

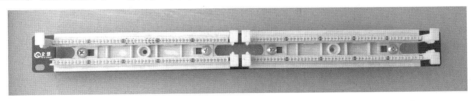

图 2-26　跳线架的结构

（6）使用冲击型十口打线钳的刀片朝多余的一侧用力压下，将多余的线头切断，保证每一根线芯留下的长度不超过 14mm，太长则会引起较大的近端串扰影响数据传输速度。切完的效果如图 2-27 所示。

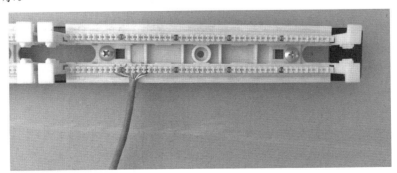

图 2-27　卡好 8 根线芯并打断多余线头的跳线架

（7）使用十口打线钳卡住一个四对或五对连接块，对准 8 根线芯用力压下，如图 2-28 所示。最终将连接块卡在跳线架上，如图 2-29 所示。

图 2-28　使用十口打线钳压下连接块

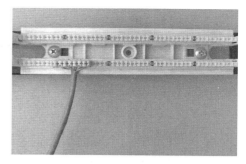

图 2-29　卡好的连接块

（8）目测检查线序是否正确，线缆是否居于正中。

（9）连接块上方的线缆端接方法和配线架的端接方法相同，线序与连接块下方相同，如图 2-30 所示。

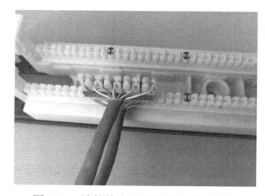

图 2-30　连接块上下都端接完成的线缆

三、跳线架与连接块端接的测试

在进行练习的时候，可以使用两条双绞线的一端分别端接在连接块的上下两个端口上，而另一端分别做好水晶头，测试的时候将两个水晶头连接到测试仪的两个测试端，如图 2-31 所示。按下按钮，观察测试仪上指示灯的闪烁顺序。如果有一根线芯或多根线芯压接不到位，对应的指示灯不亮。如果有线序错误，指示灯则会指示错误的亮灯顺序。

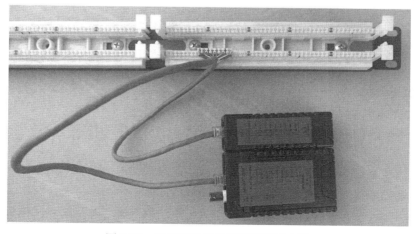

图 2-31　跳线架端接的练习和测试方法

四、跳线架端接中常见的问题及解决方法

（1）线芯剥开的长度太长，超过 14mm，线缆的外皮护套没有紧贴跳线架，如图 2-32 所示。

（2）线芯不整齐，导致双绞线根部偏离中心位置，某几根线芯长度超过 14mm，容易引起线缆测试不合格，如图 2-33 所示。

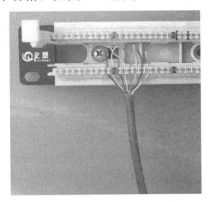
图 2-32　拨开线芯太长的情况

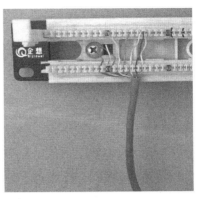
图 2-33　线缆偏离中心的情况

（3）线序错误。

（4）使用打线钳压接不到位，测试不通过。

（5）连接块没有卡紧跳线架，没有压紧线缆，测试不通过。

（6）没有去掉牵引线。

想一想

如何在跳线架和配线架之间完成语音跳线的连接呢？

其实这条跳线非常简单，配线架一端使用正常的 T568A 或者 T568B 线序的 RJ45 水晶头，远处通过配线子系统连接到工作区的网络模块；另一端就端接在临近跳线架的连接块上方，对应的远处是连接块下方的大对数线缆，这样就可以将主干中的电话线路连接到配线子系统的几条指定的线芯。但是语音线路一般只使用其中的 4 芯，即蓝，蓝白，绿，绿白，也就是说这条跳线的其余四芯应该剪去。

任务 4　端接数据模块和语音模块

任务说明

工作区子系统是和用户距离最近的部分，而工作区子系统中用户使用最多的是信息盒里的数据或者语音模块，用户感觉到经常出问题的也是这些部分，所以掌握各种模块的端接技术是一项重要技能。在本任务中，学生要熟悉各种模块的线序，掌握数据与语音模块的端接方法，能够快速准确地完成多条线缆的端接，还要学会模块的测试方法并维修自己完成的任务。

任务内容

一、数据模块与语音模块的结构和线序

数据模块的对外一侧是一个和 RJ45 水晶头规格一致的插口，里面有 8 个细小的弹簧片；而语音模块内部是 4 个弹簧片，规格和 RJ11 水晶头一致。和配线架相似，模块的生产厂家也很多，众多品牌都有自己定义的线序，为了方便工程人员参考，生产厂家在模块上都印刷了彩色的图示卡，分别指示 T568A 和 T568B 两种规范或者语音线序，施工时只要注意依据图示（见图 2-34）就可以完成。下面是一种比较常见的情况。

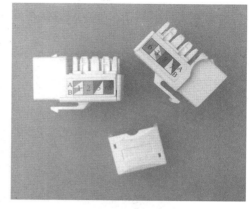

图 2-34　常见的模块线序

二、双绞线在模块上的端接方法

数据模块的端接方法和配线架非常接近，只是位置不同。

（1）选择正确的双绞线线缆，使用剥线钳或者剥线刀从一端剥去大于 30mm 的外绝缘护套，注意不能损伤到 8 根线的铜线芯和绝缘层，一旦损伤，必须剪掉重新开始，以免后期测试不通。

（2）剪去牵引线。

（3）分开 4 对线芯，并反向缠绕开。

（4）将双绞线放置在模块中心位置，8 根线芯按照模块上的颜色标识排好线序，注意从根部就要拨开分离，保证不互相缠绕，如图 2-35 所示。

（5）一只手拿紧线缆的护套和模块本身，另一只手依次将 8 根线芯塞入模块的 8 个端接卡位。

（6）使用打线钳对准模块的端接卡位，打线钳的刀片朝向多余的一侧，用力下压，将线芯压入卡位，铜线芯与卡位的铜刀片紧密接触，保证连通，同时打线钳的刀片还可以将多余的线头切断，如图 2-36 所示。端接完成后将防尘盖扣在模块上。

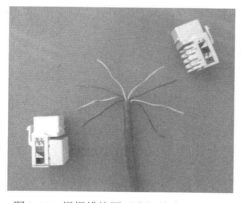

图 2-35　根据模块图示分好线序的双绞线

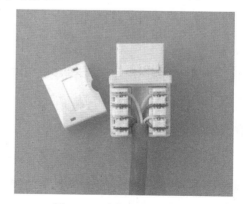

图 2-36　端接完成的模块

（7）目测检查线序是否正确，线缆是否居于正中的位置。

（8）语音模块的端接方法同数据模块，但是只需要端接其中绿色和蓝色的两对，其余的应该全部剪掉，模块线序如图 2-37 所示。

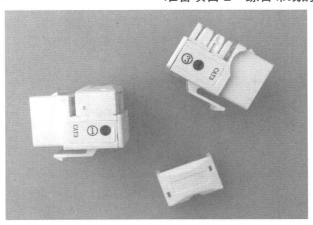

图 2-37　常见语音模块的线序

三、模块端接的测试

在进行练习的时候，可以使用一条双绞线的两端分别端接两个数据模块，测试的时候将两个数据模块分别使用两根成品跳线连接到企想跳线测试装置的两个端口，按下按钮，观察测试仪上指示灯的闪烁顺序。如果有一根线芯或多根线芯压接不到位，对应的指示灯不亮。如果有线序错误，指示灯会指示错误的亮灯顺序。测试方法如图 2-38 所示。

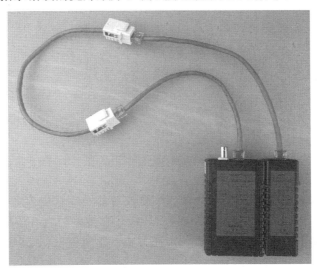

图 2-38　模块端接后的测试

四、模块端接中常见到的问题

（1）线芯剥开的长度太长，端接后的线芯长度超过 14mm，护套没有进入模块中间，如图 2-39 所示。

（2）线序错误。

（3）使用打线钳压接不到位，测试不通过。

（4）没有去掉牵引线。

图 2-39　线芯太长的模块端接方法

想一想

　　大量的网络布线工程结束之后，在长期的使用过程中，网络模块的故障是最常见的。经过检查，经常发现模块里的弹簧片已经损坏失去了弹性。如何避免这种情况呢？

　　其实原因很简单，只要把水晶头做得更规范就可以了。模块内的弹簧片在正常使用中需要接触到水晶头的 8 个铜片，铜片的高度越高对弹簧片的压力就越大，弹簧片就越容易被挤压超过它本身的弹性限度而受损，最终导致失去弹性。经过多次插拔之后的模块就无法再正常接触到水晶头的铜片了，所以制作水晶头的时候应该将铜片确保压到底。除了提高制作水平，还有重要的一个方法，就是应该使用高品质的压线钳。

任务 5　端接大对数线缆

任务说明

　　在一座建筑物中有很多语音信息点，但是电话线可不能像网络一样用光纤解决，必须是一个点对应一对线，所以在管理间和设备间子系统中，需要为用户集中敷设大量的电话线。为了减少电话线的敷设成本，通常使用大对数语音线缆代替多根电话线。大对数线缆通常都端接在110 型跳线架上，并用五对或者四对连接块进行压接，需要的时候在连接块上端接电话线并通过水平子系统连接工作区中的语音模块。在本任务中，学生要熟记 25 对大对数线缆的线序，并熟练掌握其端接方法，同时还要学会使用鸭嘴跳线进行测试和维修。

任务内容

一、熟悉 25 对大对数线缆的线序

　　25 对大对数线缆分为 10 种基本颜色，主色有 5 种，顺序分别为白、红、黑、黄、紫，每个主色里面又包括 5 种辅色，顺序分别为蓝、橙、绿、棕、灰。这样组合的结果是共有 25 个线对，每个线对有两根线芯组成，一根为主色，一根为辅色。依次排序为白蓝、白橙、白绿、白棕、白灰……紫蓝、紫橙、紫绿、紫棕、紫灰，具体见表 2-1。

表 2-1　25 对大对数线缆的色谱

辅色 \ 主色	白	红	黑	黄	紫
蓝	01. 白蓝	06. 红蓝	11. 黑蓝	16. 黄蓝	21. 紫蓝
橙	02. 白橙	07. 红橙	12. 黑橙	17. 黄橙	22. 紫橙
绿	03. 白绿	08. 红绿	13. 黑绿	18. 黄绿	23. 紫绿
棕	04. 白棕	09. 红棕	14. 黑棕	19. 黄棕	24. 紫棕
灰	05. 白灰	10. 红灰	15. 黑灰	20. 黄灰	25. 紫灰

实际施工中可能还会用到 100 对大对数线缆，这种线缆用蓝、橙、绿、棕四色的丝带缠绕分成四个 25 对分组，每个分组分别依照上述 25 对的线序方式。

二、大对数线缆在跳线架上的端接

（1）使用剥线钳或者剥线刀从一端剥去大于 20cm 的外绝缘护套（长度略微超过跳线架的一个 25 对块卡位的长度），注意不能损伤到里面的铜线芯和绝缘层，一旦损伤，必须剪掉重新开始，以免不通，如图 2-40 所示。

（2）剪去牵引线和透明塑料保护带并按照主色分为五个线束，如图 2-41 所示。

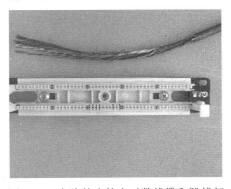

图 2-40　去除外皮的大对数线缆和跳线架

图 2-41　散开的大对数线缆

（3）找到第一个线束中的第一个线对"白蓝"，将白色线芯卡入第一个位置，将蓝色线芯卡入第二个位置，如图 2-42 所示。

（4）依次找到第二对、第三对，依次类推，直到第 25 个线对，并按照刚才的方法将线芯都卡进去，如图 2-43 所示。

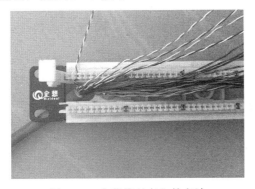

图 2-42　白蓝线对卡入的方法

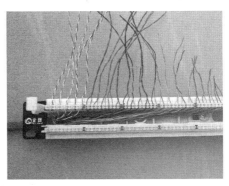

图 2-43　所有线缆都卡入之后

（5）目测检查线序是否正确。

（6）使用冲击型十口打线钳对准 1-10 号端接位置，刀片朝向多余的一侧用力压下，将多余的线头切断，并依次切断 11-50 号位置的多余线头，如图 2-44 所示。

（7）使用十口打线钳卡住 1 个五对连接块，对准 1-10 号线芯用力压下，将连接块卡在跳线架上。并依次使用另外 4 个五对连接块卡住 11-50 号线芯，如图 2-45 所示。

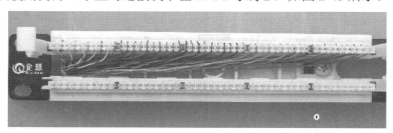

图 2-44　排好线序并切断线头的大对数线缆

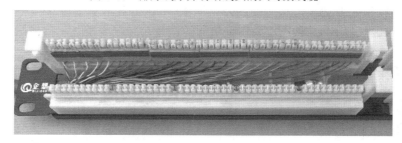

图 2-45　压接完成的大对数线缆

三、大对数线缆的测试

在进行练习的时候，可以使用一条大对数线缆的两端分别端接两个 25 对块位置。测试的时候使用两根八芯鸭嘴跳线（见图 2-46）的水晶头一端连接到测线仪的两个测试端口，鸭嘴一端用力卡住五对连接块的上层，观察指示灯的闪烁顺序。以此方法依次检查所有 50 根线芯，如果有一根线芯或多根线芯压接不到位，对应的指示灯不亮。如果有线序错误，指示灯会指示错误的亮灯顺序。

图 2-46　鸭嘴跳线

四、大对数线缆端接中常见的问题

（1）线序错误。

（2）连接块没有卡紧跳线架，没有压紧线缆，测试不通过。

（3）各线芯在安装时没有拉紧，25 对块下方线缆松散混乱，如图 2-47 所示。

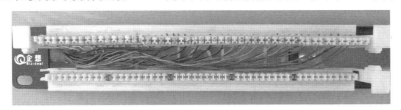

图 2-47　混乱松散的线缆

想一想

一条 25 对大对数线缆能够连接多少条电话线路？

在我们周围使用的电话线路有 2 芯、4 芯等情况。如果是 2 芯电话线路，就可以容纳 25 条，每一对线芯对应一条，那么在进行电话线路配对的时候，跳线架的每一个 25 对块就正好使用 25 条电话线；如果是 4 芯电话线路，每一个 25 对块只能对应 12.5 条。这种情况下就需要使一条电话线缆在两个 25 对块之间进行跨接，即第 1、2 芯连接在上一个 25 对块的 49、50 芯，第 3、4 芯连接在第二个 25 对块的 1、2 芯。

任务 6　安装 SC 光纤快速连接器

任务说明

在当前的网络环境下，光纤直接入户和光纤到桌面的情况越来越普及。FTTH 光纤布线的应用逐渐占据终端用户的很大一部分，因此皮线光缆的冷端接应用非常广泛，在本任务中，学生要掌握皮线光缆的端接方法，能够快速准确地完成 SC 光纤冷接端子的使用方法，还要学会光纤跳线的测试方法。

任务内容

一、皮线光缆和 SC 光纤冷接端子的结构

在骨干光缆连接时，都是使用熔接的方法，但是熔接光纤的时候使用的工具和设备比较复杂、昂贵，比如光纤熔接机。但是皮线光缆端接使用的工具就比较简单，成本低廉，这也是皮线光缆广受欢迎的重要原因。

皮线光缆的截面类似 8 字形结构，包括两根加强钢丝，中间狭窄的地方夹了 1 芯或 2 芯光纤。能够在室外使用的自承式皮线光缆是在普通皮线光缆的外侧加了一根粗钢丝，使其抗拉能力有所增强。皮线光缆使用了特种的耐弯光纤，能提供更大的带宽，增强网络传输性能，方便使用，安装和维护简单，可以现场施工直接做成端口进行连接。但是这种冷接的方法损耗比较大，使用寿命也比较短，每隔几年就需要更换冷接端子，如图 2-48 所示。

SC 光纤冷接端子是目前市面上使用比较广泛的冷接端子，在住宅楼的入户施工中最为常见。连接端子由尾部螺帽、连接器主体、滑动推块、外框套和防尘帽组成，如图 2-49 所示。

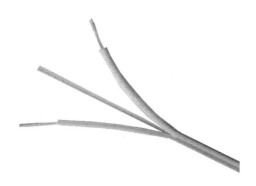

图 2-48 室内皮线光缆的结构

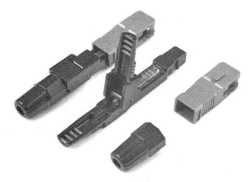

图 2-49 SC 光纤冷接端子的结构

二、SC 光纤连接器的端接方法

（1）将 SC 光纤连接器的尾部螺帽先套在光纤上，再将皮线光缆插入开剥器，压下开剥器，就可以将光缆的外层钢丝和外皮切断，直接将带有涂层的光纤暴露出来。以便进行下一步工作，如图 2-50 和图 2-51 所示。

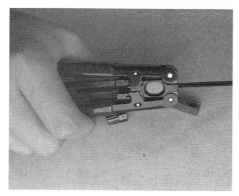

图 2-50 使用开剥器截断光缆外皮

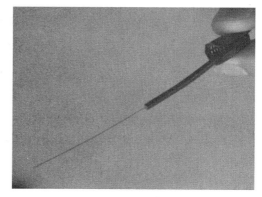

图 2-51 开剥完成后的皮线光缆

（2）根据 SC 光纤冷接端子的规格把光纤放入米勒钳，倾斜到几乎平直的角度，如图 2-52 所示，使用米勒钳夹紧光纤表层，剥去光纤涂层，如图 2-53 所示。

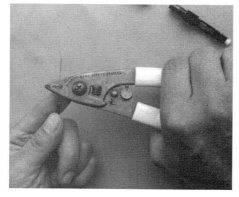

图 2-52 使用米勒钳的角度

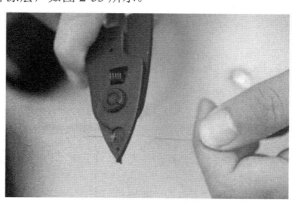

图 2-53 剥去光纤的涂层

（3）使用清洁布或无水消毒棉球蘸取一定的无水酒精，擦拭光纤三次，保证每次擦拭时会发出"噌""噌"的响声，保证擦拭干净，如图 2-54 所示。

（4）将卡有光纤的定长器放在光纤切割刀内，放下切割刀盖板，推动刀片，切断光纤，如图 2-55 所示。

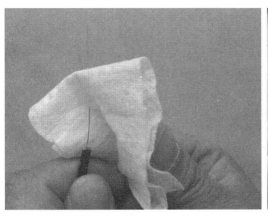
图 2-54　擦拭光纤

图 2-55　切割光纤

（5）将预制好的光纤沿 ST 连接器的尾端导轨穿入，当光纤出现略微弯曲的状态时，如图 2-56 所示，停止穿入，表明光纤前段已经深入连接器的顶端。

（6）推上连接器主体中的推块，盖上尾盖，同时拧紧螺帽，这时已经连接器卡紧了光纤，不再会松动了，然后套上 ST 外壳，完成 ST 光纤连接器的端接，如图 2-57 所示。

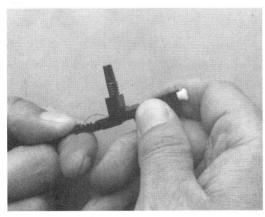
图 2-56　光纤插入后的弯曲情况

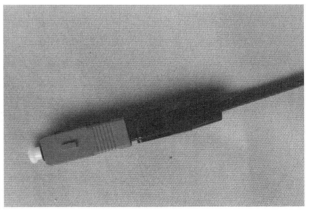
图 2-57　制作完成的光纤冷接端子

三、光纤跳线的测试

在进行测试的时候，可以使用一条皮线光缆的两端分别端接两个 SC 连接器。完成之后插入企想光纤测试装置的两个 SC 端口，选择 1550nm 光源输出端口，屏幕上会出现测试数值，待数值稳定，查看测试阈值在"2.0dB"范围之内，则表示此跳线的损耗不高，可以使用。如果超出范围，则说明连接器的制作不合格或者光纤本身有一定的问题。图 2-58 为企想光纤测试仪。

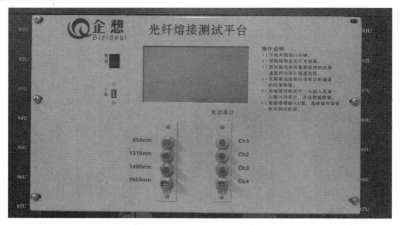

图 2-58　企想光纤测试仪

四、光纤冷接中常见的问题

（1）定长器长度设定不合理，剥去涂层的光纤长度太长或太短，导致损耗较大。

（2）切割刀的切割质量较差，截面不整齐，导致损耗大。

（3）在截取和使用皮线光缆的过程中，没有很好地保持光纤的平直，个别地方弯曲超过极限，导致光纤在传输中途漏光，这种情况下无论连接器的制作多么标准，损耗也会很大，这一段的光纤必须废弃。

 想--想

皮线光缆的冷接端子能够重复利用吗？

答案是不能。在冷接端子内部有着一定数量类似油状的匹配液，它的作用是用来降低光纤对接之中产生的光学损耗，但是在每一次重复利用的时候都会导致匹配液的流失，如果数量降低到一定的程度就无法起到正常传输光线的作用，会在光纤的顶端产生较大的衰减，导致无法正常传输数据。即使冷接端子不重复利用，长期使用匹配液的丧失也会导致皮线光缆传输性能的下降，严格来说，光纤冷接端子需要每 2～3 年进行一次更换，以保证性能良好。

任务 7　熔接光纤

 任务说明

在当前的布线工程中，主干线缆最常采用的传输介质就是光缆，而光缆是由多根线芯组成。布线施工时需要将光缆剥除外皮，将每一芯光纤都和另一根进行连接，连接时可以使用光纤熔接机连接两段光纤。因此在本任务中，学生要掌握光缆的开缆方法和熔接方法，能够正确的使用光纤熔接机完成两根光缆内部各条光纤的熔接，并且在工作过程中能够正确采取安全保护措施。

任务内容

一、光缆的结构

光缆的结构如图 2-59 所示。

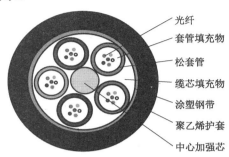

光纤
套管填充物
松套管
缆芯填充物
涂塑钢带
聚乙烯护套
中心加强芯

图 2-59　光缆的结构

二、光缆的开缆

1．清洁光缆

将准备开剥的部分光缆清洗干净，大约 2m。

2．横向开剥光缆

分开左右支架，将光缆横向开剥器跨在光缆上；合上光缆紧固装置并紧固；拧动转向旋钮使其处于横剖位置，调节刀片行程旋帽，旋入刀尖至光缆外护层，转动开缆刀，再次旋入刀尖至所需深度，再次转动开缆刀，直至外护层切断为止，再反向退出刀片。

使用上述方法对准备开剥的光缆进行两处横向开剥，间距 1.5～2m，要求剥至光缆皮及铝箔层，不能伤到内部套管。

3．纵向开剥光缆

将准备开剥的光缆固定在操作台上，同时需要保持顺直和稳定，把纵向开剥刀固定在光缆第一个横向刀口处，确定好刀锋的尺度（恰好能划透光缆皮及铝箔层而不会伤及内部套管），双手握住纵向开剥刀向第二个横向刀口缓慢匀速拉动，直到第二个刀口处为止。

4．去除光缆皮及填充物

用尖嘴钳、斜口钳等工具仔细去除光缆的外皮和铝箔层，再用刀片和剪刀清除掉光纤束管上的牵引尼龙丝线，顺便将光缆束管分开，用钳子剪断光缆内部的加强芯，如图 2-60 所示。

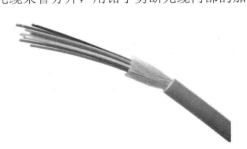

图 2-60　去除外皮之后的光缆

5．开剥光纤束管

找出需要使用的光纤所在的束管，选择合适刀口宽度，用束管开剥刀将束管破坏，去除束管，然后剪掉束管内的纤维，露出要接续的光纤。

6．安装接头盒

用酒精棉清洁光纤束，将光纤固定在接头盒内。

三、光纤的熔接

1．加装护套和剥除外涂层

取出两根光纤，在其中一根光纤纤芯外套上光纤热缩护套管，如图 2-61 所示；然后在两段光纤接头位置使用米勒钳剥去光纤外涂层 3～4cm，如图 2-62 所示。

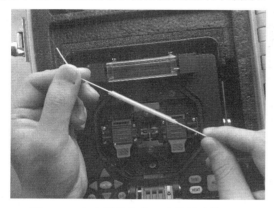

图 2-61　在光纤外套上一个热缩套管　　　　　　图 2-62　剥去光纤涂层

2．清洁光纤

使用清洁布或无水消毒棉球蘸取一定的无水酒精，擦拭光纤三次，保证每次擦拭时会发出"噌""噌"的响声，确保擦拭干净，如图 2-63 所示。

3．切割光纤

参照光纤熔接机上护套压板到接近加热电极的距离，使用光纤切割刀进行两根光纤的切割，如图 2-64 所示。

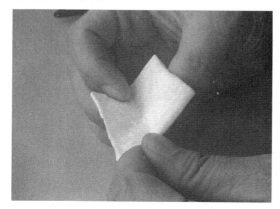

图 2-63　擦拭光纤　　　　　　　　　　图 2-64　切割光纤

4．光纤接续

将两根准备好的光纤放在熔接机内，确保两根光纤对准对齐，放下压板，熔接机开始熔接，如图 2-65 所示；稍等片刻熔接完成后，熔接机会自动对熔接效果进行测试，如果没有通过测试，需要将光纤折断并重复前面的步骤。

5．加热热缩护套

将前期已经套上的热缩护套移动到熔接好的光纤接头位置，并放置入热缩加热电极处，如图 2-66 所示，放下压板，等待热缩完成后取出。

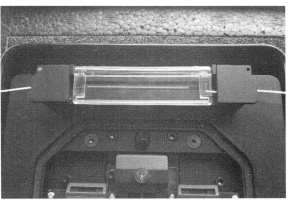

图 2-65　放入熔接机的光纤　　　　　　图 2-66　准备加热热缩套管

四、光纤的盘纤

在综合布线工程中，一条光缆中数量众多的光纤线芯被熔接后需要整齐的放置在光纤盒中，不仅需要合理的弯曲半径，也需要进行适当的固定，故需要将光纤依次盘入光纤盒，如图 2-67 所示。

图 2-67　盘纤完成后的光纤

五、光纤熔接需要注意的安全问题

（1）铠装光缆在开剥外皮的时候注意应该佩戴手套，防止撕开光缆金属皮的时候伤害手部。

（2）工作过程中要戴上护目镜，以免切断光纤的时候造成玻璃碎屑飞溅伤害眼部。

（3）切除的光纤可能会散落在光纤切割刀周围，在清理时不要用手触摸，以免非常细微的玻璃碎屑伤害皮肤并随血液循环进入身体内部。

 想一想

主干光缆进行连接的时候需要采用熔接的方式，这么麻烦，为什么不用冷接的方式来代替呢？

熔接虽然麻烦，还要使用熔接机这样精密度很高的仪器，但是它也有自己无法替代的优势。最重要的就是连接效果好，损耗较低。优秀的操作技工能够让光纤进行几十次熔接之后还保持良好的传输效果和极低的损耗。反观冷接的方法，效果就差得多，经过几十次冷接之后的光纤几乎就无法将光线正常的传输过去，而且冷接端子价格也比较贵，每隔几年还需要进行更换，这些都严重制约了冷接技术在主干线路上的应用。所以在目前的技术情况下，熔接的方式还是无法替代的，在可预见的一段时期还将有着重要的地位。

任务 8 截取安装 PVC 线管

 任务说明

水平子系统是整个综合布线系统中施工量最大的部分，所有的信息点都要通过线管或者线槽把线缆连接到管理间。在新建建筑物或者改造建筑物中，如果需要进行线缆的暗埋，这就要牵扯到线管的整理。在本任务中，学生要熟悉线管施工的方法，掌握冷弯管弯头的制作方法，能够准确的完成线管的长度测量和截取，还要掌握线管的安装方法和穿线方法。

 任务内容

一、认识 PVC 线管和配件

布线工程中经常使用的线管采用白色的硬质 PVC，具有绝缘、防腐特点。经常用于室内正常环境，也能在潮湿、高温需要防火的场合使用。PVC 线管机械性能优良，耐压性能好，普通环境下只需要一根直径匹配的弹簧就可以实现几乎任意的弯曲，完工多年后也不会收缩变形。能够进行冷弯操作的规格有外径为 12mm、20mm、25mm 的管材，其他还有 30mm、50mm、100mm 的规格，但是由于管壁厚度较大，强度较高，一般很难进行冷弯操作。与其配套的连接件有：直通接头、弯头、三通、四通、开口管卡和用于配合暗装线盒的锁母。另外，最常用的配套工具是弯管弹簧和截管专用刀，如图 2-68 和图 2-69 所示。

图 2-68　PVC 线管

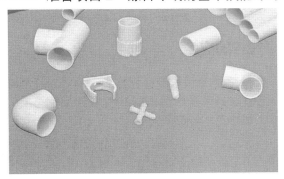

图 2-69　PVC 线管配件

二、线管的截取

（1）根据指定的长度，在不短于此的长度下于管外画出标记。

（2）使用剪管刀压紧线管，使线管有一定的变形，如图 2-70 所示。

（3）转动剪管刀，使刀片切开线管，继续压紧刀片，直至把线管完全截开，如图 2-71 所示。

图 2-70　剪管刀压紧线管

图 2-71　截开线管

三、冷弯头的制作

（1）根据指定的长度，在需要弯曲的位置于管外画出标记。

（2）将弯管弹簧插入管子指定位置用力弯曲线管，如图 2-72 所示，注意弯曲的弧度，必要的时候可以采用多次弯曲的方法，但是每一次的弧度都应该较大一些，这样可以制作出符合较大曲率的角度。通常曲率越大的线管在穿线的时候就越容易，如图 2-73 所示。

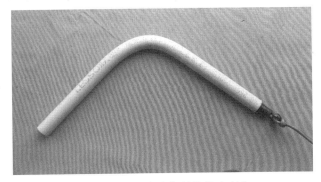

图 2-72　使用弯管弹簧制作的冷弯头

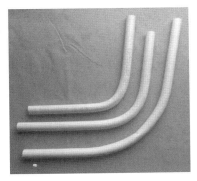

图 2-73　不同曲率的冷弯管

（3）然后使用卷尺测量长度，做好标记，使用剪管刀截断线管。

四、线管的安装

（1）在模拟墙上指定的合理位置上安装几个管卡。

（2）把截取好或者弯曲好的线管卡到模拟墙上的管卡中，固定位置，位置准确，长度合适，角度合理，如图 2-74 所示。

图 2-74　安装到位的 PVC 线管

五、穿线

可以从信息底盒一端挨个将截好的线管依次穿过线缆最终到达机柜位置，同时将线管卡在管卡中，如图 2-75 所示。另外，也可以先将线管安装在墙面管卡上之后，再使用钢丝牵引线连接线缆进行穿线，如图 2-76 所示。必须保证机柜和信息底盒两端留有合理的长度。

图 2-75　直接穿线的方法

图 2-76　使用钢丝牵引线的穿线方法

六、线管布线中经常出现的问题

（1）冷弯头的制作中把线管折断或者出现曲率半径过小的硬弯，导致线缆无法穿过，影响下一步工作。

（2）没有按照施工图完成，造成路由错误。

（3）弯曲不够，安装后出现回弹，造成下一步穿线施工困难。这种情况下可以在弯管的时候弯曲一个较大的角度，给线管的回弹留下一定的余地。

想一想

线管布线的方式一般都是用在暗装环境下，但是在一般的墙体内还有很多其他的线缆线路，那么这些网络线缆应该在什么位置才能比较合适呢？

一般来说，一座建筑物中常见的线缆管道除了网络线缆之外还有强电、其他弱电、空调通风系统、消防管路、水暖管路等。他们各自所处的位置并不相同，网络线缆等弱电线缆一般都设计在地面上，可以位于水暖管路的下方，即使是信息插座通常也只距离地面几十厘米，总之，与建筑顶部的空调通风系统、强电和消防管路都尽量保持较远的距离。

任务 9　截取安装 PVC 线槽

任务说明

水平子系统中除了上一个任务中使用的线管之外，如果是在改造幅度不大的建筑物中，就不再进行线缆的暗埋，而是采用明装的方式，就要牵扯到线槽的整理。在本任务中，学生要熟悉线槽施工的方法，在施工现场，因为不需要其他多余材料，大多数工程人员都使用手工制作拼接弯头，所以学生也需要掌握这种方法，同时能够准确的完成线槽的长度测量和截取，还要掌握线槽的安装方法和埋线方法。

任务内容

一、认识 PVC 线槽和配件

综合布线中常用的线槽采用 PVC 材料如图 2-77 所示，用来将电源线、数据线等线材规范整理，采用明装的形式固定在墙上，是一种带盖板封闭式的材料，盖板和槽体通过卡槽合紧。具有绝缘、阻燃等特点，在 1200V 及以下的电气设备中对敷设其中的导线起机械防护和电气保护作用。型号根据宽度大小一般有 20mm、39mm、50mm、60mm 甚至 100mm 等系列。配套的连接件有阳角、阴角、直转角、平三通、左三通、右三通、连接头、终端头等。配套使用的工具主要是钢锯、电工剪刀、螺丝起子等（见图 2-78）。

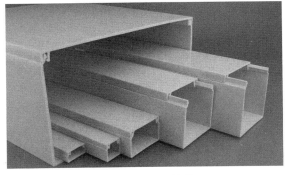

图 2-77　PVC 线槽

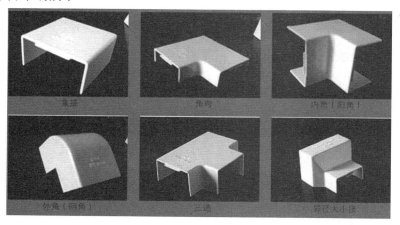

图 2-78　PVC 线槽配件

二、线槽长度的确定

（1）首先使用钢卷尺在需要安装线槽的位置量取精确的长度，如图 2-79 所示，并记录下来，如果是在拐角位置并且需要制作手工弯头，则需要多增加线槽的一半宽度（PVC39 的线槽需要增加 2cm，PVC20 的线槽需要增加 1cm）。

（2）取一根线槽，根据记录的长度，量好长度并画竖线，如图 2-80 所示；如果是拐角位置的弯头，则需要查看图纸并确定好弯头方向，使用直角尺再画一条 45°的斜线，如图 2-81 所示。

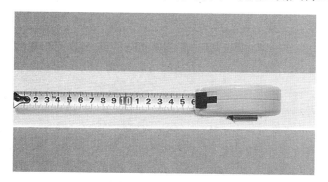

图 2-79　量取长度

图 2-80　在线槽盖上画竖线

（3）阴角的量取方法和普通的一样，只是 45°线的画线位置在线槽的侧面，拼接位置在墙面的拐弯处，如图 2-82 所示。

图 2-81　手工拼接弯头接缝处斜线的画法

图 2-82　阴角的斜线画法

三、使用钢锯截取线槽

（1）使用钢锯沿线的一端下锯，如图 2-83 所示。

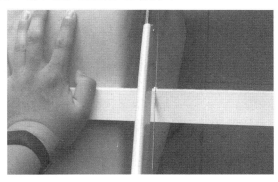

图 2-83　使用钢锯截取线槽

（2）使用锯的过程中，用力应该小一点，保持较慢的速度，以便可以随时调整方向，以免偏离。

（3）截取完成后的线槽表面粗糙，如图 2-84 所示。在安装之前应使用砂纸打磨光滑，保证外观整齐，如图 2-85 所示。

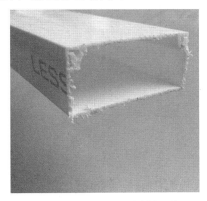

图 2-84　粗糙的线槽断面

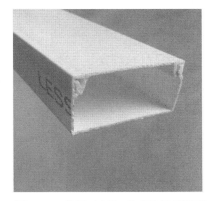

图 2-85　使用砂纸打磨后的线槽断面

（4）弯头位置需要两个制作好的接头，方向不同，然后在企想模拟设备墙面上拼接，检查拼接后的 90°角是否合格，缝隙要求在 1mm 之内，如图 2-86 所示。

图 2-86　拼接好的手工弯头

（5）此处也可以使用剪刀制作，如果操作得当，还可以省去砂纸打磨的步骤。阴角的制作难度稍大，建议使用电工剪刀进行操作，这样更容易保证接缝的整齐平直。

四、线槽的安装

（1）去掉线槽盖。

（2）仅将槽底贴紧墙面，准确估计模拟墙面的螺孔位置，使用螺丝刀在指定位置将线槽钻一个孔，如图 2-87 所示。

（3）再使用螺丝把线槽固定在模拟墙上，如图 2-88 所示。

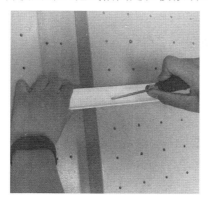
图 2-87　在槽底钻孔

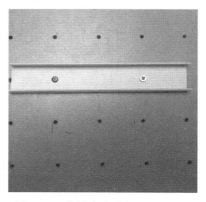
图 2-88　在槽底安装螺丝进行固定

（4）使用水平尺检测安装的线槽是否横平竖直。

（5）直角和阴角位置需要两段线槽拼接紧密，不能留缝隙。

五、埋线

（1）如果在线槽的中间段有线缆引出，就在槽底的侧面剪开 1cm 的豁口，给线缆预留引出的位置，如图 2-89 所示，完成后的效果如图 2-90 所示。

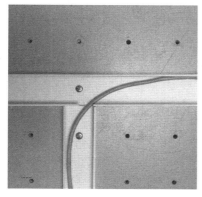
图 2-89　槽底侧面的豁口

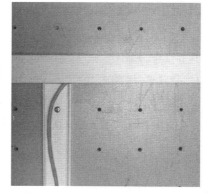
图 2-90　完工后的效果

（2）将线缆放入槽底，同时盖上槽盖，边布线边装盖板。

（3）遇到拼角处，应该从拼角位置先盖，保证缝隙小于 1mm。

（4）如果整条路由较长，需要多条线槽拼接，注意槽盖和槽底的接缝应该错开位置，如图 2-91 所示。

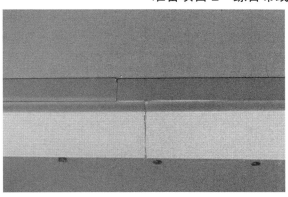

图 2-91 错开位置的线槽接缝

六、线槽布线中经常出现的问题

（1）截取线槽的过程中出现偏离，没有准确的沿着划线截开。

（2）安装过程中，不能准确估计螺孔的位置，无法钻透槽底，装不上螺丝。

（3）安装好的线槽没有保证平直，各种接缝较大，超过 1mm。

 想一想

在实际工程中，如果想把线槽安装得整齐划一，应该采用什么方法？

实训室的模拟墙上设计了很多螺丝孔，在进行安装的时候能够方便的完成安装，并且容易保证横平竖直，但是在实际工程中，墙体上可没有这些螺丝孔。有经验的技术工人通常会使用激光水平仪，先在墙面上扫描出一条红线或者绿线，然后在这条线上使用双面背胶将线槽粘贴在墙面上，保证线槽的整齐。然后在此基础上，使用水泥钉或者膨胀螺丝再进行固定。这样的方法既可以提高工程效率，又可以保证工程质量。

实训项目 1 公寓住宅的综合布线工程

项目描述

综合布线是一种应用在各种场合的工程技术，不仅仅是在大型的工程中用得到，即使小型的家庭装修也同样用得到，在装修的弱电布线中具有重要意义。本项目就是根据一套现有住房的 CAD 设计图纸进行综合布线的几乎所有工作。其中包括点数统计表、端口对应表、材料统计表、施工图等设计文件。然后根据施工图将实际施工情况转移到综合布线实训设备上，做一个缩小简化的模拟工程。在这个缩小的模拟工程中，同样需要完成相关的各种表格和设计图纸，并且根据模拟设备的施工图在实训室的各种模拟设备上进行施工，并且进行系统测试和维修。

通过本项目的完成最终达到学习目的，熟悉流程、了解方法、总结经验，为下一个较复杂的项目打好基础。

项目实施

本项目共分为 9 项任务，涵盖了理论知识、项目设计和实训操作。每一项任务中除了必要的理论知识，还应该在计算机上完成施工图、点数统计表、端口对应表、材料统计表等设计作业，还有模拟设备相关的图纸表格，还需要在综合布线实训室完成施工任务并进行检测维修，最后形成一个较为完整的模拟工程。

任务 1 了解建筑图纸

任务说明

综合布线一般是在建筑主体完成之后才能进行的，在进行设计之前，必须了解这座建筑物的特性。在建筑物的设计图中，建筑设计人员已经把这座建筑物的所有信息都清楚的表示了这些特性。通过研读图纸，综合布线设计人员才能合理确定设计方案，然后才能根据建筑图继续完成设计施工图，才能提供给施工人员根据图纸进行施工。本任务就是研读这套住房的建筑设计图，以利于下一步完成施工设计图。

任务内容

一、确定各房间的功能和建筑物尺寸

确定各房间的功能，其实也就是工作区的划分。并且根据图例标注，可以确定工作区的大小及基本判断使用线缆的长度。

（1）各房间的功能：根据设计图中的家具摆放情况，即使没有详尽的文字说明，也能够清楚看出各房间的功能，整个套房中，共计有 1 个主卧、1 个次卧、1 个书房、客厅餐厅融为一体，还有 1 个阳台、1 个厨房和 1 个卫生间。

（2）房间尺寸：在图纸上有标注，根据标注可以判断线缆的长度和其他材料的使用量。根据尺寸标注可以计算出，三个卧室的面积从大到小依次约为 18m²、15m²、10m² 不等。上下最长距离约 13m，左右最宽距离约 8m（见图 3-1）。

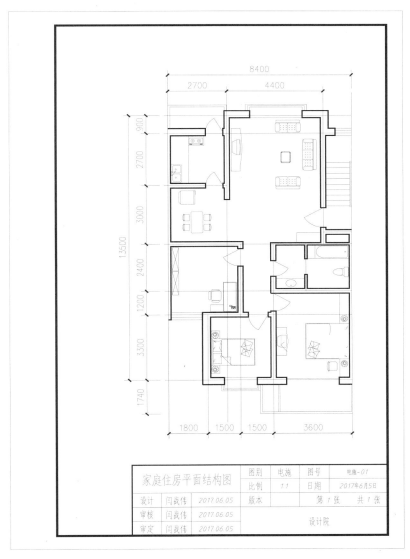

图 3-1 本任务例图

二、了解建筑结构和建筑材料

在进行工作区划分的时候，有时候会改变建筑物原来的布局，所以了解建筑结构能够帮助决定工作区的变化。建筑结构也决定了墙体的特点，影响到墙体的硬度和施工难度。另外，建筑材料也决定了建筑物墙体的硬度，所以了解这两项内容对综合布线的设计具有重要意义。

（1）建筑结构：通过图纸可以看出这栋建筑物的基本结构属于框架剪力墙结构，有些墙体厚度较大或者用黑色实线设计的部分为承重墙体，在布线设计时，不建议进行 2cm 以上深度的开槽操作，以免影响墙体的承重能力，造成对建筑结构的破坏，影响建筑质量；另一些灰色或者厚度较小的墙体一般不是承重墙，对建筑物的结构影响较小，可以进行较深的开槽操作。

（2）建筑材料：在比较完整的规范的建筑图中会有墙体材料的说明，布线设计时需要根据说明来确定合理的路由。建筑材料决定了墙体的硬度，会严重影响施工难度和施工进度。在各种建筑材料中，钢筋混凝土框架强度最高，其次是混凝土承重墙和非承重墙，再次是砖砌墙体，泡沫砖墙体强度最低。在本例中多数墙体均为混凝土结构。

三、分析对综合布线有影响的各种因素

（1）水管的位置：上下水管线位置能够影响到网络线缆的暗埋设计，所以在进行施工图绘制的时候应该尽量避开这些管线位置，如实在无法避开应该尽量减少交叉。在本例中，图中没有显示这些管线的位置，故不需要进行考虑。

（2）强电的位置：由于强电能够对外界产生电磁干扰，影响网络线缆的传输效果，在 GB 50311 规范中有明确的间距要求，如表 3-1 所示。

表 3-1　综合布线电缆与电力电缆的间距

类　　别	与综合布线接近状况	最小间距（mm）
380V 电力电缆 2kV·A	与缆线平行敷设	130
	有一方在接地的金属线槽或钢管中	70
	双方都在接地的金属线槽或钢管中	10
380V 电力电缆 2～5kV·A	与缆线平行敷设	300
	有一方在接地的金属线槽或钢管中	150
	双方都在接地的金属线槽或钢管中	80
380V 电力电缆>5kV·A	与缆线平行敷设	600
	有一方在接地的金属线槽或钢管中	300
	双方都在接地的金属线槽或钢管中	150

故而在设计中需要明确网络线缆的准确位置，以免受到强电的干扰导致工程质量的下降。在本例中没有强电线路的图示，但是因为强电线缆一般都布置在墙面的上半部分，对本例中的设计不构成影响。

（3）其他管线的位置：在新兴的建筑物中，除了强电和上下水之外，还有各种复杂的管线，比如地暖系统和中央空调系统，甚至还有用于空气净化的新风系统。这些系统会影响到网络线缆的暗埋设计，也可能影响网络的传输效果。在 GB 50311 规范中对这些情况也有明确的要求，如表 3-2 所示。

表 3-2　综合布线缆线及管线与其他管线的间距

其 他 管 线	平行净距（mm）	垂直交叉净距（mm）
避雷引下线	1000	300
保护地线	50	20
给水管	150	20
压缩空气管	150	20
热力管（不包封）	500	500
热力管（包封）	300	300
煤气管	300	20

在本项目中，图中没有显示这些管线的位置，故不需要进行考虑。在实际工程中，由于水暖温度比较低，在 35°～45°，故影响不大。中央空调系统一般都布置在房间的顶部，也没有影响。新风系统一般安装在地面进行暗埋，对线缆的路由产生影响，设计时需要避开以免施工困难，但是由于新风系统属于常温非压缩空气，对网络传输没有影响。

想一想

一份建筑图纸上是不是包含了所有我们需要的信息？

答案是否定的。建筑设计单位在进行设计的过程中，通常不是只用一张图纸完成所有设计，因为那样的话这张图纸上就会线条极其繁杂，到处都是标注的文字，所以通常建筑图都是很多张，有土建图、结构图、强电图、弱电图、上下水施工图，等等。所以，一座建筑物的所有图纸加在一起是一套图册。而设计单位提供的有关图纸的 CAD 原文件实际上也不是一个文件夹，而是都制作在一个 DWG 文件中，方便读图者进行查阅。所以我们需要的信息也经常分布在各个图纸中，而不是在一张里。

任务 2　制定设计方案

任务说明

综合布线的设计不仅是熟悉了建筑设计图就可以开始了，而是必须符合用户的需要。所以在进行设计之前，必须与用户进行充分的交流，然后才能制定出一个双方都认可的合理方案。本任务就是根据需要一步一步完成一个比较详尽的设计方案，而后才可以依据此设计方案完成设计施工图及后续所有设计表格。（本任务设计方案仅为编者建议，供读者参考）

任务内容

一、了解用户需求

在进行综合布线设计之前，需要和用户进行详细的沟通，认真记录下用户的需求，然后才能进行自己的设计，再提供给用户，不能简单凭借自己的经验和习惯进行。在与用户进行交流时，需要进行详尽的记录。

二、确定信息点的位置和类型

1. 设计原则

一般需要根据 GB 50311 的规定来进行。

（1）信息点插座与终端设备之间使用的跳线长度不能超过 5m。

（2）工作区所有信息模块、底盒面板数量必须标明准确。

（3）信息点插座应在地面 30cm 以上，以保证防水和安全。

在家庭装修中，强电插座的数量应该尽量多一些，保证用户在使用中感到方便。同样道理，弱电设计也应该在设计中尽量保证信息点的数量及类型较多一些，能够保证各种情况。

2. 选定家庭信息中心的位置

家庭信息盒内一般包括交换机、家用路由器和电视信号分配器等弱电设备及各种配线端接装置。耗电量比较小，发热也很低，出现危险的可能性很低，可以设计在比较隐蔽的地方，不影响整个环境的美观。另外由于需要进行各种线缆的端接和设备调试，也需要一个施工方便的位置。根据这两个原则，应该设计在客厅沙发的背后墙内。这样既隐蔽又方便，而且基本上位于全家的中间位置，不仅与各信息点距离都不太远，而且紧邻外侧的走廊，也便于外部线缆的进入。

3. 确定信息点位置和数量及类型

根据各个房间的设计图，同时与用户交流沟通之后可以确定。

（1）客厅：电视墙位置应该设计 1 个 TV 信息点和 1 个网络信息点，保证广电系统的数字电视信号和网络电视的应用；双人沙发的左侧可以设计 1 个语音信息点和 1 个网络信息点，保证用户的网络和通话需求。信息底盒位置距离地面高度为 0.4m。

（2）厨房和餐厅：各应该有 1 个语音信息点，保证必要的通话需求，但是不建议添加网络和电视信息点。为了布线方便，信息点位置设计在两者中间的墙面两侧。信息底盒位置距离地面高度为 1.3m 或者与房间照明开关等高。

（3）主卧室：靠近床头柜的附近应该设计 1 个语音信息点保证通话需求；对侧的墙面上设计 1 个 TV 信息点和 1 个网络信息点，保证电视的应用。信息底盒位置距离地面高度为 0.4m。

（4）次卧室：设计方案与主卧室相同。

（5）书房：在窗户的一侧设计 1 个语音信息点和 1 个网络信息点，保证网络和通话需求，不设计电视信息点。信息底盒距离地面高度为 0.4m。

三、确定布线中使用的材料和设备的规格要求

（1）网络线缆：家庭布线的数据传输速率在 100Mbps 的时候，就可以满足用户需求，所以这里采用超五类双绞线。线缆规格需满足国家规范。

（2）电话线缆：在本任务中，不再单独使用专门的电话线缆，使用网络双绞线代替，不仅给施工带来方便，而且可以满足数据/语音互换的需求。

（3）电视线缆：使用规格为 75-5 的同轴电缆。

（4）配线设备：网络和电话端口使用家庭用小型网络配线架进行端接，同轴电缆使用电视信号分配器进行端接。

（5）底盒面板：使用暗装底盒和面板。位置相同的两个信息点可以使用同一个面板。

（6）数据模块：根据设计方案，使用超五类数据模块端接所有双绞线线缆，包括数据信息点和语音信息点，保证未来的数据/语音互换的需求，不再使用语音模块。

（7）线管规格：由于在家庭装修的过程中，应该尽量减小墙面和地面的开槽深度，少破坏建筑结构，所以暗埋线管应该采用较小的规格，这里使用管壁较薄的外径为 16mm 的 B 型 PVC 冷弯线管。

四、确定布线路由

（1）有关线管的设计规范见表 3-3。

表 3-3　各种规格线管线槽桥架的容纳数量（截面利用率均为 30%）

材 料 类 型	材料规格（mm）	容纳 UTP 数量（根）
线管（PCV、金属）	φ16	2
线管（PCV）	φ20	3
线管（PCV、金属）	φ25	5
线管（PCV、金属）	φ32	7
线管（PCV）	φ40	11
线管（PCV、金属）	φ50	15
线管（PCV、金属）	φ63	23
线管（PCV）	φ80	30
线管（PCV）	φ100	40
线槽/桥架（PCV）	20×12	2
线槽/桥架（PCV）	25×12.5	4
线槽/桥架（PCV）	30×16	7
线槽/桥架（PCV）	39×19	12
线槽/桥架（PCV、金属）	50×25	18
线槽/桥架（PCV、金属）	60×30	23
线槽/桥架（PCV、金属）	75×50	40
线槽/桥架（PCV、金属）	80×50	50
线槽/桥架（PCV、金属）	100×50	60
线槽/桥架（PCV、金属）	100×80	80
线槽/桥架（PCV、金属）	150×75	100
线槽/桥架（PCV、金属）	200×100	150

在 GB 50311—2007 中早就对缆线的截面利用率作出了规定。如果在线管和线槽中的线缆数量过多，势必会造成线缆之间的挤压力过大，影响到线缆的传输效果和速率。直线管路的管径利用率应为 60% 以下，弯管路的管径利用率应为 40%～50%。管内穿放 4 对对绞电缆或 4 芯光缆时，截面利用率应为 25%～30%。布放缆线在线槽内的截面利用率应在 30%～50%。

（2）线管和信息点线缆的对应：由于 16 型线管的容纳数量不可能超过 2 根，根据整个工程的线缆总数，在各条线管进行合理的分配，每条线管的线缆数量都不超过 2 根。根据本设计方案中共有 14 个信息点，应该使用 7 根 16 型线管。

① 客厅电视机位置的两个信息点共用一个信息底盒和一根线管。

② 厨房和餐厅的电话应该使用两个信息底盒，但是由于位置背靠背对应可以采用穿墙而过的方式共用一根线管。

③ 书房的两个信息点可以共用一个信息底盒和一根线管。

④ 次卧和主卧各有一个语音信息点，分别各使用一个信息底盒，但是可以共用一根线管，

必要的地方采用穿墙的方式。

⑤ 次卧电视机位置的两个信息点共用一个信息底盒和一根线管。

⑥ 主卧电视机位置的两个信息点共用一个信息底盒和一根线管。

⑦ 沙发旁边位置的两个信息点共用一个信息底盒和一根线管。

（3）各条线管的具体走向如下。

在家庭布线施工中，各种线缆数量较多，但是有没有足够的空间。线管的安置位置一般都暗埋于地板之下，为了不和其他工程产生冲突，并且自身也不占用较高的空间，通常都是采用地板开槽的方式。即使如此，在设计中最好也不要出现线管的交叉，以免占据较大的高度空间。另外，线管的布放位置应该准确并紧凑，各条线管应该尽量在相近的位置。

根据这些原则，在本例中，所有线管都在客厅的中央位置布放，并按照逆时针的顺序进行客厅、厨卫、书房、次卧、主卧的线管布放，不会出现线管的交叉。除了个别地方如厨卫位置和主卧、次卧之间的位置，大多数线管都经由房间门的地方通过，尽量不对墙体进行穿孔，以免影响墙体的整体强度。

任务实施和评价

本任务需要学习者自己制作一个设计方案。此方案不需要文字材料，只需要将自己的设计位置直接手绘在纸质图纸上即可。需要特别注明的内容可以写在图纸空白区域。

教师可以采用如表 3-4 所示的评价表对学习者的设计方案进行评测。（本评价表仅供参考）

表 3-4   实训项目 1 任务 2 设计方案评价表

设计内容	效果及分值			
	优 秀	良 好	合 格	不 合 格
信息点数量及位置	数量位置合理，没有无谓的增加，也没有不足	数量基本合理，有一些是不必要的，或者个别地方欠缺	数量明显不足，但是非常重要的地方都有	数量明显不足，只有两三个地方，而且位置明显错误，其他都没有绘制出来
信息盒的位置	位置合理，布线方便	位置较好，布线和引入线缆不太方便	位置不理想，操作比较困难	没有设计，或者位置明显无法进行操作
线缆路由位置	线缆路由位置合理，方便布线，没有交叉，整齐美观	线缆路由位置基本合理，没有交叉，但是不够整齐美观，个别地方不利于布线施工	线缆路由有一些交叉，或者穿过墙体的路线过多，施工比较困难	线缆位置混乱，路由不清晰，大量交叉和穿过墙体。无法施工
信息点标注	信息点高度有说明，每个位置的信息点类型说明清楚	高度标注不准确，信息点类型有错误	高度没有标注，信息点类型数量错误较多	信息点的高度和类型都没有进行标注
其他	每条线管内线缆数量都很清楚，并且合乎规范	线管内线缆数量标注清楚，但是有些超出规范要求	线缆数量标注不清晰，有很多超出规范	线缆数量完全没有标注，也看不出来线管内线缆的数量

 想一想

信息点的数量到底应该多设置一些还是为了节约成本少设置一些？

根据大多数人的生活实践，信息点数量太少给人的感觉体验非常不好。我们经常在很多办公场所和居民家看到这样的情况，因为信息点距离较远不得不将跳线做的很长拉得很远，也有些因为信息点不够不得不使用交换机来进行扩展，将办公环境整得像蜘蛛网。这些情况都给用户带来了极大的不便。所以，我们在设计信息点的时候还是应该本着够用并有冗余的原则来进行规划，保证在可预见的将来能够满足用户的需求。

任务 3　绘制施工图

 ## 任务说明

在建筑行业中，无论工程大小都应该先设计后施工，并且在施工的过程中严格遵守设计方案和施工图。即使在施工中出现问题也要先通过设计人员的认可，修改了设计方案和施工图才能继续进行。综合布线同样也是建筑行业的一个重要组成部分，完整的施工文件使整个工程有据可依，保存好施工图方便交工以后的维修和改造。就这个角度来说，施工图具有重要的意义。本任务就是根据任务 2 中制定的设计方案在建筑设计图的基础上完成网络综合布线施工图。

 ## 任务内容

一、绘制信息点的位置并注明类型

（1）在 CAD 中编辑图形块，命名为信息点，在后面使用时可以直接调用插入。根据行业标准，一个信息点的底盒绘制图形为 |1TO| 。

（2）在预先设计的各个位置插入信息点，位置不要受到其他图形影响，但也不要影响其他图形，同时标明信息点数量，信息点高度可以不用体现，在图例说明中进行表示即可。

二、绘制家庭信息盒的位置并注明相关信息

（1）在 CAD 中编辑图形块，命名为家庭信息盒。
（2）在预先设计指定的位置添加家庭信息盒，同时进行标注。

三、绘制布线路由

（1）在 CAD 中使用 PL 命令绘制线段，设置绘制宽度为 16。
（2）从家庭信息盒位置引出一条线段，根据前面的计算，线管的数量一共应该是 7 条，所以这里应该再复制 6 条线段。这 7 条线段代表了实际具体的线管位置，各线段之间应该保持一定的间距，以免给施工人员读图带来不便，这里间距设置为 4mm，即绘图时两条线管间距为 20mm。
（3）在客厅中央位置绘制线管的直线部分，位置要准确。
（4）由各个信息底盒位置引出线段用来表示进入底盒的线管。
（5）使用 F 命令连接各个直线的曲线部分，弯曲半径为 100mm。

四、绘制图示说明和图签

1．进行绘图说明

（1）信息底盒的高度说明：厨房餐厅信息底盒底部距地面 120cm，其余距地面 40cm，家

庭信息盒底部距地面 40cm。

（2）材料使用说明：使用 PVC16 线管和冷弯接头，弯曲半径 10cm。

（3）接口说明：网络、电话均使用 CAT5E；信息面板左侧为网络，右侧为电话。

（4）各个信息底盒的信息点类型和数量：客厅电视机处有一个信息底盒，包括一个网络信息点和一个 TV 信息点；厨房使用一个信息底盒，包括一个语音信息点；餐厅使用一个信息底盒，包括一个语音信息点；书房有一个信息底盒，包括一个网络信息点和一个语音信息点；次卧床头柜处有一个信息底盒，包括一个语音信息点；主卧床头柜处有一个信息底盒，包括一个语音信息点；次卧电视机处有一个信息底盒，包括一个网络信息点和一个语音信息点；主卧电视机处有一个信息底盒，包括一个网络信息点和一个语音信息点；客厅沙发旁边有一个信息底盒，包括一个语音信息点和一个网络信息点。

2．绘制图签

图签包括图纸名称、编号、设计人单位等信息（见图 3-2）。

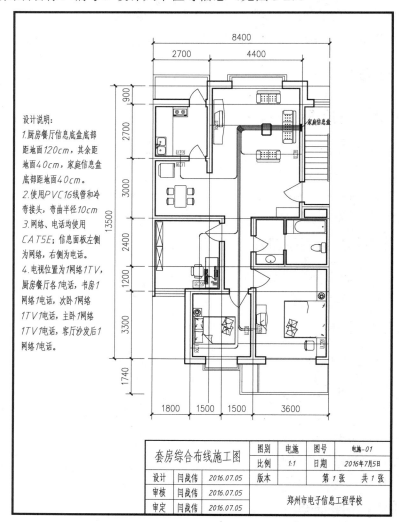

图 3-2　项目施工图举例

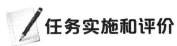

任务实施和评价

本任务需要学习者利用施工图的原图在计算机上添加内容，完成施工图。

教师可以采用如表 3-5 所示的评价表对学习者的施工图进行评测。（本评价表仅供参考）

表 3-5 实训项目 1 任务 3 施工图评价表

	效果及分值			
	优 秀	良 好	合 格	不 合 格
信息点的绘制	位置准确，信息点数量标注准确	位置合理但是不精确，数量标注正确	位置不清楚，但是数量正确	大量信息点位置看不清，数量不准。无法判断应该怎么处理
家庭信息盒的绘制	位置准确清楚易于识别	能够识别位置，但是具体尺寸不够精确	位置不太合理，尺寸也不精确	无法判断具体位置或者就没有
线管的绘制	宽度正确，位置精确，弯曲合理无交叉	宽度正确，位置合理但不精确，弯曲合理无交叉	宽度不准确，位置不精确，弯曲不合理，无交叉	大量交叉，没有合理弯曲，或者没有完成
说明和图签	标注合理准确，图示说明清楚	标注合理但不够精确，图示说明比较清楚	有标注和说明，但是语焉不详	没有标注说明

想一想

施工图的绘制应该是以准确为主还是以示意为主？是不是所有的细节都需要按照实际尺寸绘制？

CAD 图纸的特点就是准确，所以大多数内容都应该是非常精确的。但是有些地方如果也要用精准的数据和准确的大小来进行表示，就让读图人根本看不清。比如在本任务中的信息底盒，它的大小只有 86mm，在一张 A4 图纸中的大小就只有 1mm 左右，这样的大小根本无法给施工人员提供足够清楚的信息。所以在这里就使用示意的方式来进行。

任务 4 制作点数统计表

任务说明

点数统计表用来统计整个综合布线工程中的所有信息点的数量和类型，同时在表格中也能够清楚地看到信息点的分布位置，确定了每一个工作区的信息点数量，并且根据位置和类别进行了统计。使设计人员可以根据统计结果估计整个项目的规模大小，进而估算材料用量和工期成本。在本任务中，需要根据项目要求使用 Excel 完成家庭住宅里各房间的点数统计，包括数据点、语音点和 TV 点。

任务内容

一、制作表格结构

由于本任务工作区比较简单，无须进行楼层的划分，所以表格结构相对简单。

（1）每一行进行一个工作区的统计，按照逆时针的排列顺序进行工作区的划分，同时给各工作区添加编号，依次是客厅电视 1、厨房 2、餐厅 3、书房 4、次卧 5、主卧 6、客厅沙发 7。此处的编号也可以用于以后的端口对应表中的工作区编号。

（2）每一种信息点类型占据一列，在本任务中包括数据点（网络信息点）、语音点（电话信息点）、TV 点（电视信息点）。

（3）第五列为本工作区的数量统计，可以使用 SUM 函数来进行合计

（4）最后一行是各种信息点的总计，同样使用 SUM 函数进行合计。

（5）表格最后是设计单位的信息，包括制作、审核和日期。

二、填写表格数据

1. 根据本任务的设计思路在每个工作区填写数据点、语音点和 TV 点的数量

（1）客厅电视机位置的两个信息点：B3 单元格代表数据点应填写 1，D5 单元格代表 TV 点应填写 1。

（2）厨房的一个信息点：C4 单元格代表语音点应填写 1。

（3）餐厅的一个信息点：C5 单元格代表语音点应填写 1。

（4）书房的两个信息点：B6 单元格代表数据点应填写 1，C6 单元格代表语音点应填写 1。

（5）次卧的三个信息点：B7 单元格代表数据点应填写 1，C7 单元格代表语音点应填写 1，D7 单元格代表 TV 点应填写 1。

（6）主卧的三个信息点：B8 单元格代表数据点应填写 1，C8 单元格代表语音点应填写 1，D8 单元格代表 TV 点应填写 1。

（7）客厅沙发处的两个信息点：B9 单元格代表数据点应填写 1，C9 单元格代表语音点应填写 1。

2. 数据统计

（1）使用 SUM 函数统计各个结果，最终得到数据点总数量为 5 个，语音点总数量为 6 个，TV 点总数量为 3 个。

（2）继续进行统计，所有信息点总数量为 14 个。

（3）填写制表和审核者的相关信息，并填写制表日期（见表 3-6）。

表 3-6　实训项目 1 点数统计表示例

实训项目 1 信息点数量统计表				
工作区及编号	数据点数量	语音点数量	TV 点数量	合　　计
客厅电视 1	1		1	2
厨房 2		1		1
餐厅 3		1		1
书房 4	1	1		2
次卧 5	1	1	1	3
主卧 6	1	1	1	3
客厅沙发 7	1	1		2
总计	5	6	3	14

制表人：闫战伟

审核人：闫战伟

制表日期：2017 年 6 月 5 日

任务实施和评价（见表 3-7）

表 3-7 实训项目 1 任务 4 点数统计表评价表

	效果及分值			
	优　　秀	良　　好	合　　格	不　合　格
信息点数量	和设计完全相符	与设计基本相符，差别1～3 个	与设计大致相符，差别4～6 个	与设计差别较大
信息点类型	和设计完全相符	与设计基本相符，有1～2 个错误	与设计大致相符，有3～4 个错误	与设计差别较大，很多错误
数量统计	使用公式计算，结果准确	使用公式计算，结果有错误	没有使用公式，直接填入结果	没有计算或没有填写

 想一想

点数统计表的意义仅仅在于进行信息点数量的统计吗？还有没有别的什么意义？

信息点数量的统计不单是用来计算一个总数量，而且可以根据这个总量进行合理的预算，对于整个项目工程中的精细计算都可以提供重要的依据。不仅如此，通过点数统计表可以清楚的看到信息点的分布位置，可以帮助设计人员对材料的数量有一个整体的把握和估量。另外可以帮助施工人员检查端口对应表，保证施工结果的准确和后期运行的顺利。

任务 5 制作端口对应表

 任务说明

端口对应表是管理间子系统的一项重要设计表格，它用来管理工作区中每一个信息点和管理机柜中每一条线缆端接处的对应关系。如果没有这个表格，被安装在不同地方的大量线缆和配线设备及信息模块都无法保证准确连通。施工过程中需要根据端口对应表查看线缆两端的标记，工程验收时也需要根据它进行测试。工程完工之后，这个表格也是网络管理员对整个网络进行有序管理的一项重要依据。在本任务中，需要根据项目要求完成所有数据、语音和 TV 信息点的端口对应表。

任务内容

一、制作表格结构

在本任务中，只有工作区的划分，没有楼层的概念，所以表格结构相对简单。

（1）每一行进行一个信息点的统计。

（2）第一列为序号。

（3）第二列为信息点完整编号，由后面几列整理形成，是上述各个编号的综合。可以准确的表示信息点的两端位置，可以用于线缆两端的标记。

（4）第三列为工作区编号，根据前面制作过的点数统计表的工作区顺序进行排序。

（5）第四列是底盒编号，是指在本工作区内的底盒编号顺序，如果这个工作区有多个底盒，应根据一个统一标准进行编号，例如本任务中采用的顺序为先中间后两边。

（6）第五列是在这一个底盒内的信息点编号，是指在一个底盒内的信息点编号顺序，如果一个底盒有多个信息点，应根据一个统一标准进行编号，一般常用的方式为先上后下，先左后右。

（7）第六列为信息点类型，因为一个工作区甚至一个底盒中可能包含多个不同类型的信息点。应根据一个统一标准进行标注，例如本任务中数据信息点、语音信息点和电视信息点分别使用"N"（代表 net）、"T"（代表 telephone）、"V"（代表 television）表示。

（8）第七列为配线架编号，用来区别机柜中的各个配线架。编号可以使用数字表示。在一些较大的工程中，配线架的种类较多，数量较大，也可以使用字母数字混合的方式表示。在本项目中，使用数字表示。本项目中共有网络配线架和电视配线架各一个，根据排列顺序指定网络配线架为"1"，电视配线架为"2"。

（9）第八列为配线架端口号，是指在一个配线架中的端口位置，用一个两位数表示。

在端口对应表的制作中必须要注意的是，为了保证编号的长度统一，必要的时候在数值的前边要添加"0"。

二、填写表格数据

1．根据本任务的设计思路，对照前述点数统计表进行数据的填写

（1）填写第一个信息点的端口对应信息：第一个信息点设定为客厅电视机位置的底盒左边的数据信息点。根据前面的点数统计表，此工作区编号为"1"；在这个工作区中只有一个底盒，底盒编号为"1"；在这个底盒中有两个信息点，此信息点在左边，信息点编号为"1"；此信息点类型为数据信息点，在信息点类型中填写"N"；由于是网络信息点，需要端接在网络配线架，所以根据前述设计要求填写"1"；此信息点是网络配线架上端接的第一个信息点，应该端接在网络配线架的第一个端口，端口号应该填写"01"（注意在 Excel 中不能直接填写，应该先修改这一列的单元格属性为文本类型）。

（2）填写第二个信息点的端口对应信息：第二个信息点设定为客厅电视机位置的底盒右边的电视信息点。工作区编号同上为"1"；底盒编号同上为"1"；此信息点在底盒中的右边，信息点编号为"2"；此信息点类型为电视信息点，在信息点类型中填写"V"；由于是电视信息点，需要端接在电视配线架，所以根据前述设计要求填写"2"；此信息点是电视配线架上端接的第一个信息点，应该端接在电视配线架的第一个端口，端口号应该填写"01"。

（3）填写第三个信息点的端口对应信息：第三个信息点设定为厨房的语音信息点。根据前面的点数统计表，此工作区编号为"2"；在这个工作区中只有一个底盒，底盒编号为"1"；在这个底盒中只有一个信息点，信息点编号为"1"；此信息点类型为语音信息点，在信息点类型中填写"T"；尽管是语音信息点，但是为了满足数据和语音的转换需要，仍然使用双绞线并且端接在网络配线架上，所以根据前述设计要求填写"1"；此信息点是网络配线架上端接的第二个信息点，应该端接在网络配线架的第二个端口，端口号应该填写"02"。

（4）按照上述模式，根据设计方案依次将所有信息点都填写完毕。

2．完善表格

（1）填写信息点编号：将工作区编号、底盒编号、信息点编号、信息点类型、配线架编号、

配线架端口号等信息使用"-"连接并填写在第二列信息点编号中。

（2）填写制表和审核者的相关信息，并填写制表日期（见表 3-8）。

表 3-8 实训项目 1 端口对应表示例

序号	信息点编号	工作区完整编号	底盒编号	信息点编号	信息点类型	配线架编号	配线架端口号
1	1-1-1-N-1-01	1	1	1	N	1	01
2	1-1-2-V-2-01	1	1	2	V	2	01
3	2-1-1-T-1-02	2	1	1	T	1	02
4	3-1-1-T-1-03	3	1	1	T	1	03
5	4-1-1-N-1-04	4	1	1	N	1	04
6	4-1-2-T-1-05	4	1	2	T	1	05
7	5-1-1-N-1-06	5	1	1	N	1	06
8	5-1-2-V-2-02	5	1	2	V	2	02
9	5-2-1-T-1-07	5	2	1	T	1	07
10	6-1-1-N-1-08	6	1	1	N	1	08
11	6-1-2-V-2-03	6	1	2	V	2	03
12	6-2-1-T-1-09	6	2	1	T	1	09
13	7-1-1-N-1-10	7	1	1	N	1	10
14	7-1-2-T-1-11	7	1	2	T	1	11

制表人：闫战伟

审核人：闫战伟

制表日期：2017 年 6 月 5 日

任务实施和评价（见表 3-9）

表 3-9 实训项目 1 任务 5 端口对应表评价表

	效果及分值			
	优 秀	良 好	合 格	不 合 格
表格结构	清楚准确，结构明晰	清楚但是有欠缺，结构明晰	清楚却有较多欠缺，结构比较明晰	结构不清楚，大量错误
工作区端编号	与设计相符，填写准确	与设计相符，有个别错误	与设计有一定出入，错误较多	和设计完全无关，或者没有填写
管理间端编号	与设计相符，填写准确	与设计相符，有个别错误	与设计有一定出入，错误较多	和设计完全无关，或者没有填写
信息点编号汇总	使用公式汇总，清楚无误	使用公式汇总，但是操作有误	没有使用公式，直接对比填写	没有汇总

想一想

端口对应表为什么要进行一个复杂的汇总，特别长的编号有什么意义？

一个端口对应表能够作为一个重要的文档，可以给工作人员提供重要的信息，帮助施工人员正确地将繁杂的线缆端接到正确的位置，并且在之后的维护过程中还能够利用这些文档资料进行线缆的检查。但是为了提高效率，大多数工作人员在进行巡查的时候都希望能够直观地看到线缆的详细说明，而不想去翻阅大量的文档。端口对应表最后的汇总就是这样一个作用，它能够表示出这一条线缆是属于哪一个工作区的哪一个底盒中的哪一个信息点，并且还能表示它端接在哪一个配线架的哪一个端口。也就是说有关这条线缆的所有信息都在这里，而我们需要做的只是将这些信息打印在一个长条形的不干胶标签上就可以了。

任务 6   制作材料统计表

任务说明

在综合布线的工程中，要用到大量耗材，为了弄清楚这些耗材的精确使用量，就必须用到材料统计表。虽然看起来这种表格每一行数据都需要精确测量计算，显得很麻烦，但是它在工程预算中能够起到重要作用，同时也可以给施工准备过程带来很多方便。因为在表格中有经过精确计算的线缆长度，在施工中可以根据表格直接截取长度合适的线缆，使得工作效率可以得到提高。

在本任务中，材料种类包括底盒、面板、线管、模块及各种线缆。计算应该较为宽松，本着宁多勿少的原则，绝对不能出现数量不足的情况，以免给施工过程带来不必要的麻烦。

任务内容

一、制作表格结构

在本任务中，信息点数量不是太多，使用材料的种类也比较少，所以表格结构相对简单。

（1）每一行进行一个信息点材料的统计。

（2）第一列为序号，根据前面制作过的点数统计表得到共有 14 个信息点。

（3）第二列是信息点名称，用信息点编号表示。

（4）从第三列开始每一列代表一种和信息点相关的材料，包括双绞线、同轴电缆、16 型 PVC 线管、超五类数据模块、TV 端口、面板、信息底盒等。

（5）与单个信息点关系不大的其他材料可以单独列出一个表格，在本任务中主要是家庭信息盒内的小型设备如配线架、电话接线盒等。

（6）最后分类合计，利用市场通行的价格进行详细的预算。

二、填写表格数据

（1）填写信息点名称：利用前面做好的端口对应表将所有信息点编号复制到本表格的第二列。

（2）底盒和面板数量：根据端口对应表就可以看出，设计中已经确定了哪一个信息点属于哪一个底盒。比如信息点 1-1-1-N-1-01 的含义本身就是第 1 个工作区的第 1 个底盒的第 1 个信息点，所以在这一行的第八列填写 1，与此同理，1-1-2-V-2-01 和前一个信息点属于同一个底盒，故而在这一行的第八列就不再填写。以下所有信息点依次类推，完成后可以看出共有 9 个信息底盒，与设计图相符。面板数量与底盒数量相同，只是有些地方是两个网络模块有些是一个，还有一些面板使用一个网络模块和一个 TV 端口。

（3）超五类模块和 TV 端口数量：根据端口对应表就可以看出，设计中已经确定了哪一个信息点是什么类型。比如信息点 1-1-1-N-1-01 的类型属于"N"，在这里就需要使用一个超五类模块，因此在这一行的第六列填写 1，与此同理，信息点 1-1-2-V-2-01 的类型属于"V"，在这里就需要一个 TV 端口，所以在这一行的第七列填写 1。以下所有信息点依次类推。

（4）线管数量：施工中使用的线管数量和施工图上的尺寸一致，如果能够在施工中严格遵照施工图施工，使用量和计算量误差会非常小。在本任务中，通过 CAD 绘制的施工图能够精确测量线管的长度，直接用于材料统计表。

① 信息点 1-1-1-N-1-01 为客厅电视机位置信息底盒的网络信息点，这个信息点所使用的的 PVC 线管为所有线管中最上方的一条，在 CAD 图点击这一条线管，右击选择"特性"，可以在"特性"窗口中查取到这条线管的长度为 4.16m，根据设计要求，沙发后方的家庭信息盒和电视机处的信息底盒均应该高于地面 0.4m，这样总的线管数量为 4.96m 约为 5m，所以应该在这一行的第五列进行填写，而信息点 1-1-2-V-2-01 由于和信息点 1-1-1-N-1-01 共用一个底盒和线管，所以在这一行的第五列不填写任何数值。

② 同理，第 3 个信息点 2-1-1-T-1-02 和第 4 个信息点 3-1-1-T-1-03 虽然分属厨房和餐厅这两个不同的工作区和信息底盒，但是共用一根线管，同样通过 CAD 图上可以得到线管长度为 9.25m，根据设计要求，这两处的信息底盒距离地面的高度为 1.3m，再加上家庭信息盒处的 0.4m，总的线管长度应为 10.95m 约为 11m。

③ 以此方法计算可以得到第 5、6 个信息点共用的线管长度约为 13.5m；第 7、8 个信息点共用的线管长度约为 14.1m；第 10、11 个信息点共用的线管长度约为 14.2m；第 13、14 个信息点共用的线管长度约为 7.5m。

④ 以上述方法计算同样可以得到第 9、12 个信息点共用的线管长度约为 16.7m，但是从中间位置，第 12 个信息点便从中分离出来，并且使用另一段线管进行铺设，所以在图上进行测量之后可以得到第 12 个信息点还需要单独另加 4.2m 的线管。

（5）各种线缆的数量：在本任务中，线缆的种类包括超五类双绞线和同轴电缆两种。得益于刚才 PVC 线管已经得到了精确的计算，只需要在线管的使用量上添加上两端多出来的余量即可。

① 第 1 个信息点 1-1-1-N-1-01 和第 2 个信息点 1-1-2-V-2-01 共用一根线管，线管长度为 5m，两端各留出多余的 0.3m 线缆即可以满足使用需要，这两个信息点的线缆长度应该是 5.6m，不同之处在于，第 1 个信息点要填写在第三列的双绞线中，第 2 个要填写在第四列同轴电缆中。

② 与此同理，第 3 个信息点填写的双绞线数量应该是 11+0.3×2=11.6m；同时，第 4 个信息点在墙面的另一侧，比第 3 个略微短了一些，减少一个墙体的厚度 0.2m，即 11.4m。

③ 同理，第 5、6 个信息点的线缆长度为 13.5+0.6=14.1m；第 7、8 个信息点的线缆长度为 14.1+0.6=14.7m；第 10、11 个信息点的线缆长度为 14.2+0.6=14.8m；第 13、14 个信息点的线缆长度为 7.5+0.6=8.1m；第 9 个信息点的线缆长度为 16.7+0.6=17.3m。

④ 与上述信息点有所不同的是第 12 个信息点，它与第 9 个信息点共用一条线管，但是从中间分开，这里需要使用 CAD 的测量功能得到此信息点通过的线管长度为 18.7m，线缆长度为 19.3m。

（6）其他材料的数量：在本任务中还要用到网络配线架一个、有线电视接线盒一个、水晶头若干。

三、进行预算计算

（1）总计：对所有材料进行合计统计，计算出总量。

（2）预算：根据市场常见价格进行总量的价格汇总，可以得到总价格，即为这项工程的材料消耗总成本（见表 3-10）。

表 3-10　实训项目 1 材料统计表示例

实训项目 1 材料统计表								
序号	信息点名称	双绞线	同轴电缆	16 线管	超五类模块	TV 端口	底盒	面板
1	1-1-1-N-1-01	5.6		5	1		1	1
2	1-1-2-V-2-01		5.6			1		
3	2-1-1-T-1-02	11.6		11	1		1	1
4	3-1-1-T-1-03	11.4			1		1	1
5	4-1-1-N-1-04	14.1		13.5	1		1	1
6	4-1-2-T-1-05	14.1			1			
7	5-1-1-N-1-06	14.7		14.1	1		1	1
8	5-1-2-V-2-02		14.7			1		
9	5-2-1-T-1-07	17.3		16.7	1		1	1
10	6-1-1-N-1-08	14.8		14.2	1		1	1
11	6-1-2-V-2-03		14.8			1		
12	6-2-1-T-1-09	19.3		4.2	1		1	1
13	7-1-1-N-1-10	8.1		7.5	1		1	1
14	7-1-2-T-1-11	8.1			1			
	总计	139.1	35.1	86.2	11	3	9	9
	单价	2	3	2	10	20	2	15
	总价	278.2	105.3	172.4	110	60	18	135
	其他材料	配线架（略）						

制表人：闫战伟

审核人：闫战伟

制表日期：2017 年 6 月 5 日

任务实施和评价（见表 3-11）

表 3-11　实训项目 1 任务 6 材料统计表评价表

	效果及分值			
	优　秀	良　好	合　格	不　合　格
表格结构	结构清楚明晰，材料齐全	结构清楚明晰，材料不足	结构不太明晰，大量材料没有入列	完全没有结构，材料也不齐全
材料数量	统计准确，与设计图完全相符	统计基本准确，和设计图有一定误差	很多材料误差较大	没有统计
数量汇总	使用公式汇总，计算准确	使用公式汇总，计算结果有错误	没有使用公式，直接填写，很多错误	没有汇总
预算	单价合理，总量正确	单价合理，总量计算有误	单价不清楚,总量大量错误	没有预算

想一想

是不是所有工程的材料统计表都要把材料计算那么准确？

那倒也不一定，材料统计表的主要意义在于原料成本的计算，材料计算越准确，成本的核算就越准确，就越有利于生产成本的控制和招投标工作。在本任务中，由于线缆长度较短，理线容易，精确的计算长度并且根据这个长度截取线缆，能够很好地提高工作效率。但是在线缆长度较长的场合就不必要了，因为计算误差可能会比较大，并且也不可能按照这个数据来截取线缆。只要数据大致合理，能够用于计算线缆总量，能够用于成本计算就可以了。

任务 7　制作模拟施工设计图和设计表格

任务说明

在综合布线的教学中，由于条件的限制无法参与到实际工程中进行教学实训，所以只能使用实训室的设备器材来进行练习。为了尽量和实际工程相一致，在本任务中采用模拟的方式，在实训设备的模拟墙上完成一个施工设计内容。在设计中，尽量体现出真实场景，并与前述的各个任务大致对应。

在本任务中，需要完成一项模拟施工图，以及与模拟施工图相对应的端口对应表，以便在施工任务中使用。

任务内容

一、制作模拟施工图的基本原则

（1）对应：模拟施工图虽然只是在模拟设备中完成的一项假设工程，但是应该尽量和真实情况对应起来，每一个信息点都应该在真实施工图中有对应的信息点，所有使用的线缆也应该相同，其他材料即使不能保证一样至少也应该相近。在模拟施工图绘制完成后应该能够方便的看出所有模拟工程内容和实际工程之间的对应关系。通过这种方式可以有助于对整个综合布线工程的理解。

在本任务中，只有一个楼层，信息点数量不是很多，可以在实训设备上将所有真实信息点都对应出来。这里同样用 7 条线管来表示实际的线管，信息点数量也是 14 个，并且所有类型都和实际一致，同样也是 11 条超五类双绞线和 3 条同轴电缆，信息点位置的分布基本和真实情况相近。

（2）简化：在模拟设备中进行施工，会有很多局限性，最明显的一点就是设备空间不足，不能将所有工程部分都虚拟在设备中。这里可以采用简化的方法，比如将多个房间简化成一个房间，或者将多处性质相同的内容省略成一个。但是总体原则还是要保证和实际工程相似，才能起到实训和练习的目的。

在本任务中，因为信息点数量较少，基本不需要进行简化。

二、绘制模拟施工图

（1）绘制空白墙面图：在本任务中采用上海企想信息技术公司生产的钢制凹凸墙模拟综合布线实训设备。墙体规格如下。

整体规格由单座模拟墙进行拼接组合而成的。钢制模拟墙组是由单座模拟墙按照十字形、U 形、王字形等形态进行拼接组合而成的。单座模拟墙由 12 块不同功能的金属面板组成。每座实训模拟墙上进管孔、钢面板、安装孔、纵向凹槽、横向凹槽等功能模块。钢面板表面有横向、纵向网状均匀布置的安装孔，钢板内侧对应安装孔位置焊有螺帽，安装孔直径 5mm，开孔间距为 60mm。模拟墙正上方开有进管孔直径20mm，由桥架引 20mm PVC 管弯折操作后通过进管孔进入模拟墙，再由上部横向凹槽穿出。全钢无骨架结构，钢板厚度全部为 2mm。钢面板折边至少为两折，每两条最近的折边距离必须小于 500 毫米。独立墙体尺寸 1200mm×2450mm×250mm。每座实训单体墙有对称的两个墙面，每个墙面布有 2 道横向和纵向凹槽，凹槽深度50mm，宽度100mm，下部横向凹槽距离地面300mm。钢面板表面设有 60mm×60mm 的安装孔用来安装各种线管、插座、线槽等，实训过程只需要采用螺丝安装保证无尘操作。模拟墙外部平整美观，表面看不见墙体安装螺丝或铆钉。为保证产品绝对安全，不会产生倾覆的危险，综合布线模拟墙最下层的安装面板必须开孔与地面的地脚螺栓固定。

本任务中使用 CAD 进行施工图绘制，绘制步骤包括如下。

① 绘制墙面：使用"REC"命令绘制矩形，先指定一个角点，再选择快捷命令"D"进行尺寸指定，输入长=1200，宽=2450，再指定另一个角点。

② 绘制中间两侧凸起墙面：使用 rec 命令绘制长=250、宽=1650 的矩形；利用对象捕捉的方法找到这个矩形的左侧中点，将其移动到墙面矩形的左侧中点；选择刚才绘制好的矩形，输入"MI"命令，利用墙面中心竖线作为对称轴，镜像出右侧的凸起墙面。

③ 绘制上下两端凸起墙面：使用 rec 命令绘制长=1200、宽=300 的矩形；利用对象捕捉的方法找到这个矩形的上侧中点，将其移动到墙面矩形的上侧中点；选择刚才绘制好的矩形，输入"MI"命令，利用墙面中心横线作为对称轴，镜像出下侧的凸起墙面。

④ 绘制中心凸起墙面：使用 rec 命令绘制长=500、宽=1650 的矩形；利用对象捕捉的方法找到这个矩形的中心点，将其移动到墙面矩形的中心点。

⑤ 绘制凸起墙面螺丝孔：在中心凸起墙面，利用辅助线找到距左下角上方 45mm 右方 40mm 的圆心点，使用"C"命令，指定圆心，输入半径=2.5，绘制出墙面上的一个螺丝孔；

选择这个螺丝孔，使用"AR"命令，选择矩形阵列类型，使用快捷键"C"选择计数模式，输入行数=27、列数=8，继续输入快捷键"S"选择间距模式，输入行间距=60、列间距=60（注意根据阵列方向，间距也可能是负数），完成阵列；再以同样的方式完成其他凸起墙面上的螺丝孔；最后删除辅助线。

⑥ 绘制凹下墙面螺丝孔：在中心凸起墙面选择第为行第一列的螺丝孔，右键单击选择"Y"快捷键进行向左 70mm 复制，然后向左 100mm 复制，完成两个螺丝孔；选定这两个螺丝孔，向下 240mm 再进行 6 次复制，完成所有凹下墙面螺丝孔；同样方式完成另一侧的螺丝孔。

⑦ 以第一面完成后的墙面为准依次向右进行复制，距离为 1200mm，完成两面实训墙体的绘制。

（2）绘制模拟施工图：以刚才绘制好的空白墙面图为基准进行设计。

① 绘制机柜：在本任务中，以实训室里常用的 530mm×300mm 机柜代替实际施工图中的家庭信息盒。在实训室的机柜中，上下两个方向各有 8 个孔，可以满足本任务的实施。考虑到实训墙面的大小，这里将实际施工图中家庭信息盒的方向做了调整，所有线管从机柜下方伸出。这样的结果是所有线管减少了一个转弯，但是不影响整体效果。

绘制机柜时，使用快捷命令"REC"，长=530、宽=300，完成一个矩形，选中此矩形，使用快捷键"O"进行偏移，选中矩形上任意一点，输入偏移距离=80，在矩形内部任一点单击，完成内圈矩形的绘制；使用快捷键"GRA"进行颜色填充，在渐变色中选择两种相同的颜色如蓝色；单击两个矩形中间的任意一点完成填充；选中刚刚绘制好的机柜，使用快捷键"B"，弹出定义块对话框，输入名称例如"机柜"，保存为块，以后就可以整体使用了；使用快捷键"M"移动机柜到墙面上，位置尽量靠上，以便给线管留下较大的空间。

② 绘制双口网络面板和电视网络双口面板：在本任务中，实训室使用的 86mm×86mm 信息底盒面板和实际工程使用的完全相同，考虑到实训墙面的大小，各个信息底盒的位置相对比较集中，尽量接近实际情况的布置位置，整体占据两块墙面。

绘制底盒时，使用快捷命令"REC"，长=86、宽=86，完成一个矩形，再在内部绘制一个长=15、宽=25 的矩形，代表面板的信息孔，并将其移动在中部偏左的位置，然后使用镜像命令"MI"利用底盒中轴线绘制另一个信息孔，选择这个底盒，定义为块，名称为"双口面板"，并复制到到墙面上的适当位置；同样的方法，绘制电视和网络双口面板，网络端口使用两个或三个小的环形表示，也定义为块，名称为"电视网络双口面板"，也同样采用复制的方式将其复制到墙面的适当位置。

③ 绘制线管走向：使用"PL"命令在信息底盒的边线中间开始绘制，使用"W"命令设置线宽=20（因为各实训室使用的线管材料主要是直径为 20mm 的类型），绘制长度不要过长，另一段从机柜开始，也使用同样的方法，弯曲处不需要绘制；使用"F"命令打开倒圆角方式，输入命令"R"设置圆角半径为 100mm，再依次单击两条需要连接的线管，完成倒圆角的连接。

在所有线管的绘制中，需要注意尽量保证方向和位置与实际施工图相同（见图 3-3）。

（3）标注：可以通过图例进行说明。

① 机柜的实际规格。

② 信息底盒的规格和面板的类型。

③ 线管的规格类型。

④ 线缆的规格类型。

⑤ 其他材料如配线架、模块的规格类型。

⑥ 对各个信息点的特殊说明。

⑦ 使用图签说明设计单位等重要信息（见图3-3）。

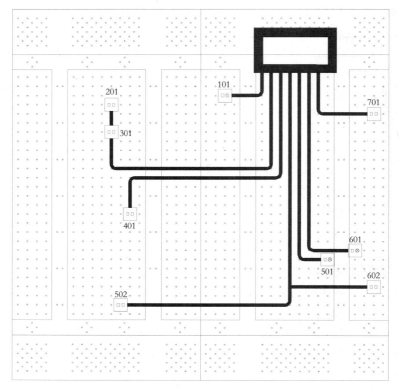

图 3-3　模拟施工图简例

三、制作模拟施工的端口对应表和部分材料统计表

因为本实训项目任务较简单，信息点数量不多，为了能够更清楚的表示出实际工程和模拟工程的对应关系，这里可以直接使用实际的端口对应表进行修改，在原有信息点编号的一列旁边添加一列为新的信息点编号，修改原有的底盒编号。

根据点数统计表和端口对应表可以清楚地看出工作区编号，这里就以工作区编号进行对应，比如电视机旁边的底盒是第1个工作区的第1个底盒，在新的信息点编号中就可以编为101；同理，在次卧的床头位置的电话信息点是第5个工作区的第2个底盒，就可以编为502。

其余的信息点编号、信息点类型、配线架编号和配线架端口号都可以保持不变。

以下是模拟施工的端口对应表（见表3-12）。

同时根据施工图计算各个信息点的线缆使用量。

表 3-12　实训项目1模拟施工端口对应表示例

实训项目1模拟施工端口对应表						
序号	原信息点编号	新信息点编号	底盒编号	信息点编号	信息点类型	配线架编号	配线架端口号
1	1-1-1-N-1-01	101-1-N-1-01	101	1	N	1	01
2	1-1-2-V-2-01	101-2-V-2-01	101	2	V	2	01
3	2-1-1-T-1-02	201-1-T-1-02	201	1	T	1	02
4	3-1-1-T-1-03	301-1-T-1-03	301	1	T	1	03

续表

序号	原信息点编号	新信息点编号	底盒编号	信息点编号	信息点类型	配线架编号	配线架端口号
5	4-1-1-N-1-04	401-1-N-1-04	401	1	N	1	04
6	4-1-2-T-1-05	401-2-T-1-05	401	2	T	1	05
7	5-1-1-N-1-06	501-1-N-1-06	501	1	N	1	06
8	5-1-2-V-2-02	501-2-V-2-02	501	2	V	2	02
9	5-2-1-T-1-07	502-1-T-1-07	502	1	T	1	07
10	6-1-1-N-1-08	601-1-N-1-08	601	1	N	1	08
11	6-1-2-V-2-03	601-2-V-2-03	601	2	V	2	03
12	6-2-1-T-1-09	602-1-T-1-09	602	1	T	1	09
13	7-1-1-N-1-10	701-1-N-1-10	701	1	N	1	10
14	7-1-2-T-1-11	701-2-T-1-11	701	2	T	1	11

制表人：闫战伟
审核人：闫战伟
制表日期：2017 年 6 月 5 日

 任务实施和评价（见表 3-13）

表 3-13　实训项目 1 任务 7 模拟施工图及端口对应表评价表

	效果及分值			
	优　秀	良　好	合　格	不　合　格
整体布局	能够体现实际工程的结构和内容	基本上能够体现工程结构内容，路由有欠缺	大致能够体现结构内容，路由欠缺比较多	无法弄清结构内容，也没有对应关系
对应关系	对应关系明显，每一个都能清楚说明实际位置	个别地方对应不清楚	很多对应不清楚，无法识别具体位置	完全不能弄清对应关系
端口对应表	清楚明白，每一条线缆两端对应正确	基本清楚，有些线缆两端对应错误	不太清楚，需仔细识别，很多线缆两端对应错误	无法识别，或者没有完成
绘图细节	线管整齐，没有交叉，弯曲半径合理	线管基本整齐，间距有误差，弯曲半径过小	线管不太整齐，间距明显不齐，弯曲半径太小或者采用直角	线管混乱，交叉较多，弯曲处均采用直角

 想--想

是不是每一位学习者的模拟施工图都要求完全一样？

不是的，每个人对待同一个问题都有不同的看法。在一个模拟墙上，每位学习者都可以根据自己的理解为每一个信息点确定一个不同的位置，线管的走向位置也可以都很多不同，只要能够阐述清楚每一个点的对应关系，而且各条线管的位置合理，基本上能够将实际工程的走向表达出来，有差异也是可以的。当然，后续的工作需要根据自己设计的施工图来进行，所以还是要能够明确自己的绘制思路。

任务 8　项目施工

任务说明

由于教学条件的限制，在课堂上只能使用实训室的设备器材来进行练习。在本任务中，首先学习在真正施工中需要了解的知识和需要注意的问题，熟悉一些方法和技巧。再利用上一个任务中完成的图纸和表格，进行模拟练习施工。在模拟施工中，注意各种常识之外同时需要注意各种施工规范，保证能够安全、合理、规范的完成所有工作，并且能够根据实训室的实际情况进行合理的施工管理，养成良好的职业习惯和素养。

任务内容

一、施工准备

在综合布线施工开始之前，施工人员需要进行各种各样的准备，本项目中施工方案简单，需要做的准备工作相对较少，主要包括以下内容。

1．工具准备

（1）墙体开槽工具：包括电动冲击钻、墙体切割机、铁锤、铁錾。

（2）安装工具：手电钻、螺丝刀、钳子、16mm 弯管弹簧。

（3）端接工具：网线钳、打线钳。

（4）切割工具：电工剪、剥线刀、美工刀、线管切割刀。

（5）测试工具：测线器、寻线仪。

2．材料准备

在材料的准备中，需要注意材料数量应留有一定的余量，如果施工中出现损坏和浪费，可以无须等待材料供应导致施工工期延长。

（1）线缆：超五类双绞线、75-5 同轴电缆。

（2）线管等保护材料：直径 16mm PVC 线管、16mm 线盒锁母、16mmPVC 弯头、管卡。

（3）端接材料：超五类水晶头、超五类数据模块、英制 F 同轴头、12 口网络配线架、电视信号分线盒。

（4）面板等材料：86 型 PVC 暗装底盒、86 型双口网络面板、86 型电视网络双口面板。

（5）其他材料：膨胀螺丝、自攻丝、标签纸等。

3．文档

文档包括施工图、端口对应表、材料统计表的纸质文档。

二、施工过程

准备好各种材料和工具之后，就可以开始进行施工，施工之前需要对现场进行清理，并根据施工图确定现场的位置和墙体结构，以免对环境和房屋结构造成损坏。如果在检查中发现问题应该及时和设计人员进行沟通，经过设计人员修改施工方案之后才可以继续施工。

1. 安全和劳动防护

安全永远是工程施工的重中之重，无论是在综合布线还是在其他各种类型的工程施工中，各种安全事故都是经常发生的。事故发生的原因多种多样，但是如果在工程施工中能过够严格的遵守安全防护和操作规程，实际上绝大多数安全事故都是可以避免的。除了安全，对施工人员的劳动保护也是相当重要的，需要通过各种方法保护工程人员的身体健康，常见的安全和劳动防护应该包括以下几个方面。

（1）安全帽：一般由帽壳、帽衬、下颊带和后箍组成。帽壳呈半球形，坚固、光滑并有一定弹性，打击物的冲击和穿刺动能主要由帽壳承受。帽壳和帽衬之间留有一定空间，可缓冲、分散瞬时冲击力，从而避免或减轻对头部的直接伤害。使用之前必须对安全帽进行检查，帽衬已经损坏的无法起到保护的作用，就不能再继续使用。另外，我国虽然没有在国家标准中指定安全帽的颜色使用方法，但是在建筑业的习惯规范中，施工工人应该佩戴黄色安全帽，技术人员和管理人员佩戴红色安全帽，监理人员佩戴白色安全帽。

（2）安全带：虽然在综合布线施工中没有太多的高空操作，但是有些地方还是需要安全带的。在没有防护设施的高处施工时，必须系好安全带。各种安全带应该高挂低用，注意防止摆动碰撞，不能低挂高用，因为一旦发生坠落，将增加冲击并带来危险。安全绳的长度限制在 1.5～2.0m，不准将绳打结使用，也不准将安全钩直接挂在安全绳上使用，应挂在连接环上。安全绳在使用时要拉平，不能扭曲。三点式安全带应系得尽可能低些，最好系在髋部，不要系在腰部。如果是肩部安全带则不能放在胳膊下面，应斜挂于胸前。

（3）安全梯：如果在施工中需要到较高的位置进行操作，就需要用到梯子。我国常见的梯子种类很多，安全却被很多人忽视。使用前应该检查梯子是否坚固、完整，应能承受工作人员及携带工具攀登的重量；在使用过程中，立梯的倾斜角应保持 60° 左右，放在门后时需注意保证门不能打开，上梯时应有专人扶梯，扶梯人应戴着安全帽，不准站在梯子最上层操作，腿必须跨在梯凳内，不准二人同上一梯工作，在梯子上工作时应注意全身重心，有人工作时不可移动，严禁在上面使用电动工具；工作结束后，梯子应交给管理部门统一制作相关标识、标志管理。

（4）防尘口罩：在综合布线的施工中经常进行各种墙体的切割钻孔等操作，会产生大量粉尘，长此以往会对施工人员的呼吸系统造成严重损害。发达国家对于工程中产生的粉尘防范十分严格，我国也有类似的相关规定。所以，在能够产生各种烟尘粉尘的施工环节中，施工人员应该正确佩戴防尘口罩。口罩应该达到 N-90 或者 N-95 的标准，并且一旦超过防护寿命必须及时更换。

（5）保护耳塞：在任何施工工地，都经常听到巨大的噪声，如果通过工程措施无法对生产场所的噪声进行有效控制，工程人员就应该佩戴保护耳塞。使用符合标准的耳塞是一种有效的预防耳聋或听力受损的措施。

佩戴泡沫塑料耳塞时，应将圆柱体搓成锥形体后再塞入耳道，让塞体自行回弹、充满耳道；佩戴硅橡胶自行成型的耳塞，应分清左右，不能弄错，放入耳道时，要将耳塞转动放正位置，使之紧贴耳腔内。

（6）护目镜：在工程中如果有光纤熔接的工作，必须在工作时佩戴护目镜，以免在切割光纤时产生的碎片进入眼睛，引起角膜或视网膜损伤。

2．工作顺序

在施工开始之前，必须根据实际情况进行工作流程的规划，采用合理的施工顺序和人员分配，制定好施工计划，可以提高工作效率，降低施工成本。在本项目中，我们可以采用以下的工作流程。

（1）墙体和地面开槽：在家庭装修中，地面敷设的管线数量和种类还是很多的，除了本项目中的弱电线缆，经常还有冷热水管和暖气管道，甚至强电线缆。如果这些线管都需要沿地面敷设，就需要进行地平处理。所以在地面开槽时，需要尽量不使各种线管裸露在地面，但是深度也不能太大以免影响整个地板的强度。在本实训项目中，应该使用切割机和冲击钻对地面和墙体进行开槽，深度在 1.5～2.0cm，开槽位置要和施工图保持一致。

（2）安装家庭信息盒和信息底盒：根据施工图的位置在墙面上开孔，安装好家庭信息盒和底盒，并使用水泥固定。

（3）截取线缆：在目前常见的线缆外皮都有长度标记，比如公制的米和英制的英尺。但是并非所有线缆的长度标注都是十分准确的。所以在进行截取线缆的时候如果以长度标注为准就有可能造成线缆较短无法使用。因此，在截取线缆之前，首先要对长度标注进行校准。例如，首先根据实际长度截取 10m 的双绞线，再查看线缆标注的长度，如果是 11m，就证明线缆标注有 10%的误差，然后在材料统计表中将这 10%的误差计算进去，以后在截取线缆的时候就可以直接使用新的数据。

根据材料统计表进行线缆截取的同时要贴上标签，以免混淆。

（4）穿线并安装线管：通常的施工过程中，都是首先把线管埋入并进行固定，完成后进行地平的修整，最后使用穿管钢丝牵引线缆，完成穿线。但是在本实训项目中由于线缆数量不多，工程量也不大，牵引的方式并不能很好的提高工作效率，而且牵引线缆的过程中如果力量过大还会引起线缆传输性能的下降。这里采用另一种方式，即穿线和安装线管同时进行。例如，餐厅和厨房的两条线缆是通过一根线管到达的，就需要首先选择这两根线缆，通过先前做好的标签可以很容易识别；然后根据需要的长度截取第一段线管，并将两根线缆穿入线管中；再把带有线缆的线管固定好，并保证家庭信息盒一端留有 40cm 的长度以备端接；再准备好长度合适的下一段线管，从底盒一端的线缆穿入，连接好原来的一段线管并固定好；依次类推，直到最后一段线管安装固定完毕，因为前面经过计算得到的线缆长度是适合的，所以这时正好在底盒一端留下 20cm 的长度以备端接使用。

（5）线缆端接：根据标签查找每一条线缆对应的端口，沿着信息盒的边缘将线缆排列整齐并对应配线架的每一个端接位置；剥去 30mm 的外皮，剪去牵引线，端接完成后去除多余的线头。信息面板一端在完成端接后，将模块固定在面板上，使用面板螺丝固定面板。

（6）清理工作：所有工作完成之后应该对所有工作现场进行清理，包括家庭信息盒里的线头、底盒内的线头、地面的各种线头垃圾，保证为后续的工作提供整洁的环境。

3．标签

在施工过程中要用到标签对各种线缆进行标注，目的是在进行端接的时候能够区分清楚每一根线缆对应的应该是哪一个端口，避免出现端口错误为以后工作带来不便。截取线缆的时候要在两端贴上临时使用的不干胶标签，注意标签的两端必须格式相同。然后经过穿线、端接等所有工作完成之后，还要在配线架和信息面板上粘贴标签，表明信息点的类型和编号。

4．施工规范

在综合布线的施工过程中，也应该遵守各种施工规范。规范的种类很多，最需要注意的是以下几项。

（1）保证内部整洁：在家庭信息盒的内部，各种线缆众多，在端接之前，应该使用扎带或者其他的方式将众多的线缆，沿着信息盒的两边对线缆进行固定，并且将多余的线缆剪切，完成之后清理家庭信息盒的内部。

（2）穿线拉力：综合布线中使用的线缆多数以铜线芯为主，而金属铜有比较好的伸展性，如果在穿线中使用的拉力比较大，会造成线缆拉长，线芯的直径变小，电阻增大，导致线缆的传输性能下降，各种检测指标将会不合格。在施工的过程中线缆越细拉线就会越轻松，但是拉力应该比较平均，宜采用慢而平稳的方式，而不是快速的方式，防止出现缠绕。

拉线中使用的最大的拉力应该如下所示。

1 根 4 对 UTP 线缆的拉力应该小于 100N（约 10kg 力）。

2 根 4 对 UTP 线缆的拉力应该小于 150N（约 15kg 力）。

3 根 4 对 UTP 线缆的拉力应该小于 200N（约 20kg 力）。

4 根 4 对 UTP 线缆的拉力应该小于 250N（约 25kg 力）。

依次类推，每增加一根线缆，最大拉力可以增加 50N，但是不论电缆的数量是多少，最大拉力不能超过 400N。

在拉线施工的过程中，应该用手握住线缆拉线。如果穿线路由距离过长或者拐弯较多，可以将电缆的一端捆扎在穿线钢丝上，等穿线完成之后必须要把进行过捆扎的那一部分线缆剪掉。

（3）曲率半径：在我们常用的超五类双绞线内部有 4 对缠绕的线芯，在正常的情况下，它们的扭矩是固定的，并且能够保证传输的效果。如果线缆有过于严重的弯曲，就会使线芯的扭矩发生变化从而降低传输效率。因此，在施工设计时应该尽量避免过于严重的弯曲，在施工过程中，也应该尽量避免使用成品弯头而应该使用手工制作的弯头。这样的好处有两个，一是拉线过程更为顺利，二是曲率半径比较大，线缆不易受损。按照 GB 50311—2007 的规定，通常用超五类双绞线的弯曲半径应该大于 20mm。

三、模拟施工

1．准备工作

在实验室的模拟施工应该做好以下准备工作。

（1）工具准备：企想综合布线实训室准备了专用的实训工具箱，工具箱内包括的工具有网线钳、打线钳、螺丝刀、钳子、20mm 弯管弹簧、电工剪刀、剥线刀、美工刀、线管切割刀、测线器。

（2）材料准备：超五类双绞线、75-5 同轴电缆、直径 20mm PVC 线管、20mm 线盒锁母、20mm PVC 弯头、管卡、超五类水晶头、超五类数据模块、英制 F 同轴头、24 口网络配线架、电视配线架、86 型 PVC 明装底盒、86 型双口网络面板、86 型电视网络双口面板、螺丝、标签纸、记号笔。

在材料的准备中，材料数量还应留有一定的余量，如果施工中出现损坏和浪费，可以保证实训的完成。

（3）文档：包括模拟施工图、端口对应表的纸质文档。

2．工作顺序

（1）做好安全准备：领取完工具和材料进入实训室的时候应该佩戴安全帽，并做好其他安全防范工作。

（2）安装机柜和信息底盒：根据施工图指定的位置，将信息底盒和机柜安装在墙面上。新的信息底盒需要使用电钻开孔，孔的直径应该比螺丝略大，然后使用螺丝固定；机柜应该使用四个螺丝进行固定。

（3）截取线缆：可以根据模拟材料统计表进行线缆长度的校正，如下表所示。

再根据材料统计表进行线缆的截取，并同时在线缆两端粘贴标签，例如：401底盒的线缆截取长度应该是 2.5m，截取完成后在两端粘贴标签，标签内容为401-1。

（4）穿线并安装线管：所有线缆截取完毕之后，应该根据施工图上的指定位置将所有线缆塞入机柜下方对应的侧孔中，例如：101-1 和 101-2 应该塞入第一个孔；201-1 和 301-1 应该塞入第二个孔；401-1 和 401-2 应该塞入第三个孔；501-1 和 501-2 应该塞入第五个孔；502-1 和 602-1 应该塞入第四个孔；601-1 和 601-2 应该塞入第六个孔；701-1 和 701-2 应该塞入第七个孔。

所有线缆集中于机柜之后，应该进行分类绑扎，根据机柜的规格预留 60cm 以备后面端接使用。所有双绞线绑扎在机柜内的左侧，沿机柜内部绑扎孔上至网络配线架处。同样，所有同轴电缆应该沿着机柜的右侧上至电视配线架处。

穿线过程中，应该根据施工图随时准备合理长度的线管。例如 401-1 和 401-2 两条线缆位于第三个孔，根据施工图，中间应该有两个弯曲处，首先应该截取一段长度合理的线管，将线缆穿过线管，并固定线管在管卡上，然后准备下一段线管并使用弯管弹簧将线管弯曲，并根据长度进行截取，再加上两段线管连接时必不可少的直通，然后穿入线缆，按照此方法由近及远的完成本段路由的所有线缆和线管的安装。

（5）线缆端接：在机柜内端接线缆很容易混乱，所以应该按照一个合理的顺序，比如在配线架所有端口中按照从左向右的顺序进行。查找端口对应表，从端口1位置开始查找对应的线缆，根据标签很容易就可以找到 101-1 的双绞线，再根据配线架的位置确定需要线缆的长度，将多余的线缆剪去再进行端接。然后根据端口对应表查找下一条线缆，最终完成所有双绞线端接工作。然后采用同样的方式完成同轴电缆的端接。

在信息底盒一端完成模块端接和电视面板端接，安装好信息面板。

（6）标签：在配线架前面板和信息面板上粘贴标签。标签内容为101-1等。

3．模拟施工中需要注意的问题

（1）在穿线时注意线缆应该保持合理的弯曲半径，速度不要过快，避免拉力过大。

（2）线缆两端的标签应该粘贴结实，以免在穿线的时候造成损坏，导致后续工作中分不清楚线缆的对应关系。

（3）绑扎线缆的时候不能太紧，只要保证不会松动滑脱就可以。绑扎过紧会改变线芯的扭矩，影响线缆的传输效果。

任务实施和评价（见表 3-14）

表 3-14　实训项目 1 任务 8 模拟施工评价表

| | 效果及分值 | | | |
	优　秀	良　好	合　格	不　合　格
安全规范	正确佩戴安全帽，正确使用工具，有危险的地方知道采用防护措施	正确佩戴安全帽，使用工具比较随意，必要的时候无防护措施	不能正确佩戴安全帽，随意使用工具，必要的时候无防护措施	不佩戴安全帽，使用工具追逐打闹
位置准确	底盒、线管、机柜等要点位置准确，无错误	底盒、线管、机柜等要点位置有个别错误	底盒、线管、机柜等要点位置有较多错误	底盒、线管、机柜等要点位置有大量错误，完全没有参照施工图
完成量	所有工作全部完成	没有完成标签	没有完成机柜和信息点端接	没有完成线管安装和穿线
工程效果	线管长度基本合理，横平竖直	线管长度基本合理，但是有扭曲	线管长度不太合理，造成严重扭曲	线管长度差距较大，扭曲现象严重或者大量线缆裸露

 想一想

是不是在模拟施工中学会了施工方法之后，在实际工程中就没有难点了？

肯定不是这样的，实际工程的难度肯定要比模拟施工大得多，并且因为施工范围大，遇到的各种现场情况难以预料。比如墙体的强度较大，开槽困难；水泥地板材质松散，线管固定困难；各种材料质量较差导致端接困难，不通的情况较多；施工地点狭窄，不易操作，等等。众多的因素导致实际施工工期增长，用工成本增加，我们需要在实际工程中积累经验，才能更好地完成所有工作。

任务 9　系统测试与维修

 任务说明

在综合布线工程完工之后，必须根据国家标准进行系统的测试，保证所有工程质量符合国家标准或行业标准。简单的测试可以使用简单的检测设备进行，只需要查看是否保证线缆通畅，复杂的测试就要包括各种检测指标，需要使用较为专业的测试设备比如 FLUKE 进行，测试完成后还要给出详尽的报告。测试完成之后还要根据结果进行维修，保证工程通过甲方的验收。在本任务中对系统要求没有十分严格，只需要使用简单的测试方法即可。

任务内容

一、测试内容

在综合布线工程中用到了大量的线缆，每一条被布置在线管中的线缆连同两端的配线架和信息模块被称作一条永久链路，完工之后需要测试的就是这个永久链路的通断情况。

在本任务中需要测试的就是所有双绞线，共 11 条永久链路，在模拟施工端口对应表中分别被表示为 101-1、201-1、301-1、401-1、401-2、501-1、502-1、601-1、602-1、701-1、701-2。

二、测试工具

在简单测试中需要使用的工具为网络测试仪。测线器分为两个部分，一个为主机测试端，另一个为远端测试端，测试开关包括快速、慢速两个等级。

三、测试方法

在测试之前先准备两条经过测试的短跳线连接在主机测试端和远端测试端。

将主机测试端的跳线连接在配线架的 1 号端口，将远端测试端的跳线连接到 101-1 信息面板的网络端口。将测试仪电源打开，两端的指示灯就会按照 1～8 的顺序逐个闪亮，此时就表示该条永久链路完全畅通，就可以通过测试。

如果出现某些指示灯不亮或者所有指示灯都不亮的情况，就表明链路有各种问题，需要进行解决维修。

然后就将主机测试端的跳线连接在配线架的 2 号端口，将远端测试端的跳线连接到 201-1 信息面板的网络端口，进行下一条链路的测试，直到所有链路全部测试完成。

测试的同时，需要根据要求将测试的情况记录到测试报告中，以备后续的维修工作能够有据可查。

四、测试报告

因为综合布线工程中需要进行测试的永久链路数量很大，检测结果各种各样，如果不在表格或者报告中进行记录，后续的维修工作就无从开展。通常情况下测试报告可以使用端口对应表来进行，这样不仅方便整理，而且能够清楚地看出每一条永久链路两端的对应关系，如表 3-15 所示。

表 3-15　测试报告

信息点或线缆编号	全　　通	不通线芯号	原 因 分 析	维 修 结 果
101-1-N-1-01				
101-2-V-2-01				
201-1-T-1-02				
301-1-T-1-03				
401-1-N-1-04				
401-2-T-1-05				
501-1-N-1-06				
501-2-V-2-02				
502-1-T-1-07				
601-1-N-1-08				
601-2-V-2-03				
602-1-T-1-09				
701-1-N-1-10				
701-2-T-1-11				

五、常见问题、原因及维修方法

1．指示灯不能全亮

主机测试端和远端测试端的某几个指示灯不亮，表示这条永久链路中的几根线芯不畅通，原因可能是以下几种，对应的有不同的维修方法，如表 3-16 所示。

表 3-16　测试仪指示灯不能全亮的原因和维修方法

检 测 原 因	维 修 方 法
配线架端接没有到位，个别线芯没有压到底	找到对应端口的对应线芯，使用打线钳再次用力压下，再进行检测，直到测通为止
网络信息模块端接没有到位，个别线芯没有压到底	根据线序找到对应模块的对应线芯，再次压线，重新进行检测，直到测通为止
剥除线皮的时候因操作不当造成线芯折断	剪去线芯再次剥除线皮重新端接
线缆的中间受损造成个别线芯断开	拆除原有线缆重新进行布线并进行测试

2．指示灯闪烁顺序错误

主机测试端的指示灯正常闪亮，但是远端测试端的几个指示灯闪亮顺序混乱，表示这条永久链路中的几根线芯出现交叉，原因可能是以下几种，对应的有不同的维修方法，如表 3-17 所示。

表 3-17　测试仪指示灯闪烁顺序错误的原因和维修方法

检 测 原 因	维 修 方 法
配线架端接顺序错误	根据配线架的颜色指示标记，拆除线序错误的几根线芯调整位置再次进行端接，并检测通过
网络信息模块端接顺序错误	根据网络信息模块的颜色指示标记，拆除线序错误的几根线芯调整位置再次进行端接，并检测通过

3．指示灯全部不亮

主测试端和远端测试端的所有指示灯全都不亮，表示整条链路完全不通或者完全就是错的。这种情况表示出来的原因比较复杂，有些比较常见，有些则较为少见，对应的维修方法也有很大差别。

如果线缆完全不通，就需要使用寻线仪。通过寻线仪可以查找线缆的位置。将需要寻找的线路一端接入发射器的端口，将发射器的开关拨至"寻线"位置，寻线指示 LED 灯亮起。打开接收器的电源开关，电源指示 LED 灯亮起，在待寻线路的一端接收器、用探测金属头侦听众多不确定的线缆，接收器会发出"嘟嘟"的声音。声音最大、最清晰的就是要寻找的目标线缆，如表 3-18 所示。

表 3-18　测试仪指示灯完全不亮的原因和维修方法

检 测 原 因	维 修 方 法
配线架端接错位	寻找正确的线缆并重新端接
网络信息模块端接错位	寻找正确的线缆并重新端接
配线架端接所有线芯都没有压到底	较为罕见。再次进行端接，并检测通过
网络信息模块端接所有线芯都没有压到底	较为罕见。再次进行端接，并检测通过
线缆折断	拆除原有线缆重新进行布线并进行测试
CP 集合点没有端接或错位	寻找正确的线缆并重新端接

任务实施和评价（见表 3-19）

表 3-19　实训项目 1 任务 9 测试维修评价表

	效果及分值			
	优　秀	良　好	合　格	不　合　格
通断情况	1～2 条线缆不通	3～4 条线缆不通	5～6 条线缆不通	一半以上线缆不通
原因查找	能够进行原因分析，查找准确	经过询问学习能够找到原因	不能独立完成原因查找，经帮助下可以完成	不会查找，不能完成
维修过程	能够很快维修所有不通的线缆	能够维修很多问题，但是速度很慢	能够维修一部分问题，并且有些线缆需要经过多次维修	无法完成维修工作

想--想

　　既然在检测中已经找到了问题所在，直接进行维修不就可以了吗，为什么还要进行各种情况的详细记录？

　　目的是做一个详细的材料积累，便于找到施工中最常出现的问题，以后可以在练习和培训中重点加强这一部分的关注，为以后工程中更好更快地完成工作打下良好的基础。如果是施工管理人员也可以根据每一位工作人员的工作情况做一个统计，根据结果分别对其进行重点培训，也可以根据其工作情况进行考核，调整薪酬，以达到节约人工成本和督促的目的。

实训项目 2　单层办公楼的综合布线工程

 项目描述

　　家庭布线仅仅是综合布线的一个最小的应用，实际应用中最多的是各种公共建筑，掌握一个小型办公场所的布线设计施工在未来工作中还是很有意义的。

　　本项目是一个单层多房间的工程，某仓储公司在仓储中心的办公楼中租用了第三层作为办公和其他使用，需要根据自己的需求进行综合布线工程。这里需根据业主一方的具体需求进行各种设计工作，包括点数统计表、端口对应表、材料统计表、施工图等设计文件，还要根据实际情况进行估计并制作施工进度表；然后和实训项目一类似，根据施工图做一个缩小简化的模拟工程，完成各种模拟表格和图纸，并在企想综合布线实训设备上完成模拟工程，最后进行系统测试和维修，并完成一个报告。

　　通过这个项目的工作，可以达到更深一步了解综合布线的目的，并且能够对整个行业有一个更深的认识，为以后的实际工作打下良好的基础。

 项目实施

　　本项目比实训项目 1 略微复杂一些，共分为 11 项任务。但是任务中没有赘述前面重复的理论知识，重点在于项目设计和实训操作。除了必要的理论知识，还有和实训项目 1 相同的所有设计任务，如点数统计表、端口对应表、材料统计表、工作区及水平施工图，另外又增加了施工进度表和施工报告。

任务 1　了解建筑图纸

 任务说明

　　综合布线的设计需要根据建筑主体的主要结构进行，在进行设计之前，必须十分了解这座建筑物的结构特性。在一个复杂的建筑物设计图中，设计人员需要根据图纸上能够看出来的各种特性信息提出设计方案，但是由于建筑物复杂度的提高，图纸中有可能无法将所有甲方的需求表示出来，所以就需要设计人员认真研读，根据经验和甲方的具体要求，完成设计工作。本任务就是深入了解本书提供的办公楼建筑图。

任务内容

一、确定各房间的功能和建筑物尺寸

在建筑单位给的建筑图如图 4-1 可以清楚地看到各个房间的明确功能，在本任务中就可以根据房间的功能定位各个不同的工作区。另外可以通过图例和标注确定房间的大小。

（1）各房间的功能：根据设计图中的文字说明，能够清楚看出各房间的功能，整个楼层中，根据房间编号，依次为：301 是会议室，302 是材料档案室，303 是培训教室，304 是男员工宿舍，305、306、308、309 是普通集中型办公室，307 是总经理办公室，310 是女员工宿舍，311 是厨房，312 是员工餐厅。此外，在 304 和 310 两个房间的位置各有一个弱电间，而建筑竖井位于 311 房间的位置。

（2）房间尺寸：根据尺寸标注可以计算出，301 会议室面积约为 90m²，302 材料档案室面积约为 50m²，303 培训教室面积约为 90m²，304 男员工宿舍面积约为 30m²，305 办公室面积约为 55m²，306 办公室面积约为 50m²，307 总经理办公室面积约为 55m²，308 办公室面积约为 60m²，309 办公室面积约为 60m²，310 女员工宿舍面积约为 25m²，311 厨房面积约为 30m²，312 员工餐厅面积约为 50m²。东西方向最长距离约 72m，南北方向最宽距离约 16m。

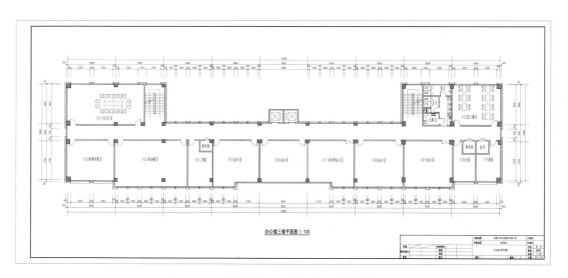

图 4-1 本项目例图（大比例尺图见附录 A）

二、了解建筑结构和建筑材料

根据图纸进行分析能够看出此建筑物有以下结构特点。

（1）建筑结构：这座建筑物属于框架结构，黑灰色方块表示建筑中的立柱，结构比较结实。其余墙体为普通墙体。

（2）建筑材料：在本项目所给的例图中没有墙体材料的说明，但是经过分析可得知，除了建筑立柱一般均是普通砖墙或者泡沫砖墙，强度较低，有利于进行布线的开槽和开孔施工。不过仍然需要注意，设计中应尽量避免布线路由通过立柱。

（3）楼层高度：图 4-1 仅是一系列设计图中的一张，信息并不是很全面，在图中虽然没有显示楼层的高度，但是仍然可以得知办公楼的楼层高度一般不会太小，通常在装修中会留有合

理的吊顶空间，线缆可以通过适当的方式布于吊顶之上，并且在进入各个房间的时候能够有效地避开建筑立柱。

三、分析对综合布线有影响的各种因素

（1）长度和距离：从图 4-1 中可以看出，整座建筑物长度已经超过 70m，而楼层弱电间几乎处于走廊的最右端，再考虑到进入房间的距离和两端端接的长度以及两端跳线的长度，整条链路的长度有可能达到 80m。根据 GB 50311—2007 的要求，铜缆链路长度最多不能超过 100m（参考表 4-1），所以线缆质量有可能会是一个重要的影响因素，质量较差的铜缆可能会导致链路不通，所以在本项目中需要使用优质的超五类铜缆。

表 4-1　线缆长度限制要求

电缆总长度（m）	水平布线电缆 H（m）	工作区电缆 W（m）	电信间跳线和设备电缆 D（m）
100	90	5	5
99	85	9	5
98	80	13	5
97	25	17	5
97	70	22	5

（2）竖井的位置：竖井通常都是垂直布放主干线缆的地方。从图 4-1 中可以看到，竖井位于走廊的最右端，旁边就是一个弱电间，根据就近原则，楼层中的所有配线设备应该布放于就近的弱电间。

（3）水管的位置：根据本座建筑物的特点，办公室的部分一般都不会有上下水管线，故而不会影响到网络线缆的暗埋设计；少数房间会有上下水管线设计，但是主要集中在卫生间、厨房等位置，而这些地方不需要进行网络电话或者电视信号的布放，所以也不会有影响；办公场所通常不使用暖气管道，而是使用空调系统，所以热水管道也不需要考虑。

（4）强电的位置：在图 4-1 中虽然没有强电线路的图示，但是强电线缆多数都布置在墙面的上半部分，而本例中由于线缆数量较多，众多线缆应该集中起来通过桥架走向各个房间，多数部分不需要进行暗埋，故而对整体设计基本上不构成影响。

（5）其他管线的位置：除了上述管线，其他需要考虑的还有中央空调系统。通常中央空调管道都是布放于吊顶之上，在走廊中和室内大约占据 500mm 的宽度，根据图上的走廊宽度，足以让水平桥架远离空调管道，故而也不会产生较大影响。

 想一想

如果建筑物本身就没有竖井怎么办？

在现代的很多建筑物中都有竖井存在，但是也有一些可能因为建筑本身高度不大或者结构比较简单用途单一，就没有设计竖井，最常见的就是中小学校的教学楼。在这种情况下，就可以将各个楼层的配电间作为竖井。因为通常各楼层的配电间位置相同，也用于各种强电的配线。可以在楼层配线间的地板进行穿孔，将通过各楼层的主干线缆穿过孔洞，使其起到竖井的作用。

任务 2 制定设计方案

任务说明

在认真研读了建筑设计图之后就可以开始进行沟通工作了。通过与甲方的主管人员甚至用户的主要负责人和领导进行了充分的交换意见之后，就可以根据国家标准进行技术设计，所有的设计必须遵循国家标准，并且能够解决用户提出的所有问题，甚至避免以后有可能出现的各种其他问题。本任务就需要在没有用户提出要求的情况尽量根据自己的理解和经验提出设计方案，也可以进行多方的研讨，让结果尽量合理满足甲方的各种需求。（本任务设计方案仅为编者建议，供读者参考）

任务内容

一、了解用户需求

建筑设计方在进行项目设计的时候已经和甲方进行了详细的沟通，所以设计方在图纸上已经进行了各种标注，比如尺寸和各个房间的作用。但是往往在建筑工程完成之后，甲方还会在此基础上还有一些具体的要求，比如哪一个房间的具体用途，对每一个信息点的特殊要求，对线缆布放的位置，等等。这些都需要进行多次针对性的会议，做好讨论记录，还需要双方进行签字确认，以免后续问题的出现。表 4-2 是一个简单的协调会记录表，表中包含了甲乙双方对各个系统以及材料、工期等各种因素的协调商榷过程和结果。

表 4-2 协调会记录表示例

××项目甲乙双方协调会记录文件				
会议时间		会议地点		
甲方单位				
乙方单位				
序号	系统名称	甲方需求	乙方建议	最终讨论结果
1	工作区子系统			
2	配线子系统			
3	材料要求			
4	……			
甲方确认签字：				
乙方确认签字：				
				2017 年 4 月 9 日

二、确定信息点的位置和类型

信息点位置和类型的确定应该符合国家的相关规定，并能够满足用户的需求。

1．GB 50311—2007 中的设计原则

（1）链路长度：完成后的链路长度不能超过 90m，加上跳线的长度，保证永久链路总长度不能超过 100m。

（2）工作区：工作区和房间的概念并不相同，工作区代表的是一个工作点的覆盖范围，通常会按照不同的应用功能来进行确定，在一个房间中可能会有一个或多个工作区。在这里应该保证每一个房间划分之后的信息点数量合理，能够满足使用并留有一定的余量，必要的时候可以进行调整。还要信息点位置准确，所有信息模块和底盒面板数量必须标明准确。

（3）接线底盒：安装在地面上的信息点接线盒应符合防水和抗压的需求，使用 120 型金属面板，如图 4-2 所示。

（4）对强电的要求：与弱电线缆保持距离合理，每 1 个工作区至少应配置 1 个 220V 交流电源插座。工作区的电源插座应选用带保护接地的单相电源插座，保护接地与零线应严格分开。应该使用 120 型金属面板，如图 4-3 所示。

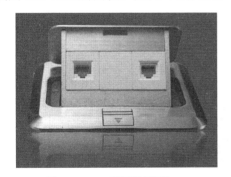

图 4-2　120 型网络面板　　　　　图 4-3　120 型 220V 插座面板

2．确定信息点位置和数量及类型

根据整个建筑的设计图并参照本书中表 1-1 工作区的面积划分方法，并且与用户交流沟通之后可以确定以下方案（本方案仅供参考）。

（1）301 会议室：会议室的网络信息点通常应该布置在主席台处的地面或者会议桌下的地面，数量应该设计为 2～4 个，在本项目中可以设计为 4 个；语音信息点应该设计 1～2 个，本项目中可以设计为 2 个，同样也设置在会议桌下的地面；在会议室的西侧墙面上设计 1 个 TV 信息点，距离地面 1.5m。

（2）302 材料档案室：为了便于使用计算机进行档案和材料管理，在东侧墙面上应该设计 2 个网络信息点和 2 个语音信息点。信息点距离地面 40cm。

（3）303 培训教室：为了便于培训教室的授课教师使用网络，应该布置 2 个网络信息点、1 个 TV 信息点，但是不需要布置语音信息点。网络信息点的位置应该在西侧墙面，使窗户位于培训学员的左侧，保证采光效果。网络信息点距离地面 40cm，TV 信息点距离地面 1.5m。

（4）304 男员工宿舍：根据房间大小，应该布置两个床铺，故需要布置 2 个网络信息点、2 个语音信息点、1 个 TV 信息点。TV 信息点位置在西侧墙面，距离地面 1.5m，网络和语音信息点位置应该在东侧墙面，距离床头位置较近，距离地面 40cm。

（5）305、306、308、309 普通集中型办公室：这几间办公室都是集中型的大开间办公室，根据图纸可以得到面积约为 55m², 根据 GB 50311 中对工作区面积的相关规范，可以得到这几个办公室里每一个工作区的面积应该是 5～10m²，根据房间的特点，应该在每一间办公室规划 9 个工作区。每一个工作区应该布置 1 个网络信息点和 1 个语音信息点，位置在办公桌下的地面。在整个办公室里需要添加 1 个 TV 信息点，位置在北侧墙面上，距离地面 1.5m。

（6）307 总经理办公室：总经理办公室的信息点数量通常是普通员工的双倍，这里就设计了 2 个网络信息点和 2 个语音信息点以及 1 个 TV 信息点。TV 信息点的位置位于北侧墙面上，距离地面 1.5m，其他信息点设置在办公桌下的地面上。

（7）310 女员工宿舍：根据房间大小，应该布置两个床铺，故需要布置 2 个网络信息点、2 个语音信息点、1 个 TV 信息点。TV 信息点位置在东侧墙面，距离地面 1.5m，网络和语音信息点位置应该在西侧墙面，距离床头位置较近，距离地面 40cm。

（8）311 厨房：应该设计 1 个 TV 信息点。为了线路走向方便，信息点位置放在西侧墙面与 310 女员工宿舍的 TV 信息点相邻，距离地面 1.5m。

（9）312 员工餐厅：应该设计 2 个 TV 信息点。信息点位置放在东西两侧墙面，距离地面高度为 1.5m。

根据统计可以得到网络信息点的总数量为 50 个，语音信息点的数量为 46 个，TV 信息点的数量为 12 个。

三、确定管理间的位置和配置

（1）GB 50311—2007 中的设计原则：根据本项目的特点，应该注意这样一些原则。

① 设备间、电信间、进线间的配线设备宜采用统一的色标区别各类业务与用途的配线区。

② 综合布线系统工程宜采用计算机进行文档记录与保存，简单且规模较小的综合布线系统工程可按图纸资料等纸质文档进行管理，并做到记录准确、及时更新、便于查阅；文档资料应实现汉化。

③ 在每个配线区实现线路管理的方式是在各色标区域之间按照应用的要求，采用跳线连接。色标用来区分配线设备的性质，分别由按性质划分的配线模块组成，且按垂直或水平结构进行排列。

④ 电缆和光缆的两端应采用不易脱落和磨损的不干胶条标明相同的编号。所有标签应保持清晰、完整，并满足使用环境要求。

⑤ 对于规模较大的布线系统工程，为提高布线工程维护水平与网络安全，宜采用电子配线设备对信息点或配线设备进行管理，以显示与记录配线设备的连接、使用及变更状况。

⑥ 电信间的数量应按所服务的楼层范围及工作区面积来确定。如果该层信息点数量不大于 400 个，水平缆线长度在 90m 以内，宜设置一个电信间；每层的信息点数量数较少，且水平缆线长度不大于 90m 的情况下，也可以几个楼层合设一个电信间。电信间主要为楼层安装配线设备（为机柜、机架、机箱等安装方式）和楼层计算机网络设备的场地，并可考虑在该场地设置缆线竖井、等电位接地、电源插座、UPS 配电箱等设施。在场地面积满足的情况下，也可设置建筑物诸如安防、消防、建筑设备监控系统、无线信号覆盖等系统的布缆线槽和功能模块的安装。如果综合布线系统与弱电系统设备合设于同一场地，从建筑的角度出发，称为弱电间。

⑦ 电信间应与强电间分开设置，电信间内或其紧邻处应设置缆线竖井。

⑧ 电信间的使用面积不应小于 $5m^2$，也可根据工程中配线设备和网络设备的容量进行调整。

⑨ 电信间应采用外开丙级防火门，门宽大于 0.7m。电信间内温度应为 10～35℃，相对湿度宜为 20%～80%。如果安装信息网络设备时，应符合相应的设计要求。如在机柜中安装计算机网络设备时的环境应满足设备提出的要求，温、湿度的保证措施由空调专业负责解决。

⑩ 设备安装宜符合下列规定：机架或机柜前面的净空不应小于 800mm，后面的净空不应小于 600mm；壁挂式配线设备底部离地面的高度不宜小于 300mm。

（2）确定楼层管理间的位置和配置。

① 根据设计图纸的特点，进行需求分析，东侧的弱电间位于竖井的近邻，距离主干线路比较接近，所以楼层管理间可以设计在此处。

② 根据本项目中所有信息点数量进行统计。网络信息点的总数量为 50 个，按照每个交换机拥有 24 个端口计算，需要 3 台交换机，另外需要 3 个 24 口配线架和 3 个理线环；语音信息点的总数量为 46 个，因为需要满足数据和语音互换的需求，所以语音信息点也要使用超五类线进行端接，故而这些语音信息点共需要 2 个 24 口配线架；因为 46 条语音线路需要 92 对三类语音线对，故而需要 1 根 100 对大对数线缆（当然也可以使用 2 根 50 对大对数线缆或者 4 根 25 对大对数线缆），同时需要 4 个 50 对连接块，恰好是 1 个 110 型跳线架。总计下来共需要占据 12U 的高度，为了以后维修和扩展方便，所以应该配置一个 24U 标准机柜，机柜尺寸为 1200mm×600mm×600mm；另外配置 UPS 电源和相应的电源插座以及接地线路和防雷线路。由于弱电间的房间面积也比较大，空间比较充裕，位置设计比较简单。

四、确定布线路由

（1）GB 50311—2016 中的设计原则：根据本项目的特点，应该注意以下原则。

① 配线子系统缆线宜采用在吊顶、墙体内穿管或设置金属密封线槽及开放式（电缆桥架，吊挂环等）敷设，当缆线在地面布放时，应根据环境条件选用地板下线槽、网络地板、高架（活动）地板布线等安装方式。

② 综合布线系统缆线与配电箱、变电室、电梯机房、空调机房之间的最小净距宜符合表 4-3 的规定。

表 4-3　综合布线缆线与电气设备的最小净距

名　称	最小净距（m）	名　称	最小净距（m）
配电箱	1	电梯机房	2
变电室	2	空调机房	2

③ 随着各种类型的电子信息系统在建筑物内的大量设置，各种干扰源将会影响到综合布线电缆的传输质量与安全。表 4-4 列出的射频应用设备又称为 ISM 设备，我国目前常用的 ISM 设备大致有 15 种。

表 4-4　推荐设备及我国常见 ISM 设备一览表

序号	CISPR 推荐设备	我国常见 ISM 设备
1	塑料缝焊机	介质加热设备，如热合机等
2	微波加热器	微波炉

序号	CISPR 推荐设备	我国常见 ISM 设备
3	超声波焊接与洗涤设备	超声波焊接与洗涤设备
4	非金属干燥器	计算机及数控设备
5	木材胶合干燥器	电子仪器，如信号发生器
6	塑料预热器	超声波探测仪器
7	微波烹饪设备	高频感应加热设备，如高频熔炼炉等
8	医用射频设备	射频溅射设备、医用射频设备
9	超声波医疗器械	超声波医疗器械，如超声波诊断仪等
10	电灼器械、透热疗设备	透热疗设备，如超短波理疗机等
11	电火花设备	电火花设备
12	射频引弧弧焊机	射频引弧弧焊机
13	火花透热疗法设备	高频手术刀
14	摄谱仪	摄谱仪用等离子电源
15	塑料表面腐蚀设备	高频电火花真空检漏仪

注：国际无线电干扰特别委员会称 CISPR。

④ 综合布线系统应根据环境条件选用相应的缆线和配线设备，或采取防护措施，并应符合下列规定：当综合布线区域内存在的电磁干扰场强低于 3V/m 时，宜采用非屏蔽电缆和非屏蔽配线设备；当综合布线区域内存在的电磁干扰场强高于 3V/m 时，或用户对电磁兼容性有较高要求时，可采用屏蔽布线系统和光缆布线系统；当综合布线路由上存在干扰源，且不能满足最小净距要求时，宜采用金属管线进行屏蔽，或采用屏蔽布线系统及光缆布线系统。

⑤ 缆线在雷电防护区交界处，屏蔽电缆屏蔽层的两端应做等电位连接并接地。

⑥ 综合布线的电缆采用金属线槽或钢管敷设时，线槽或钢管应保持连续的电气连接，并应有不少于两点的良好接地。

⑦ 根据建筑物的防火等级和对材料的耐火要求，综合布线系统的缆线选用和布放方式及安装的场地应采取相应的措施。选用的电缆、光缆应从建筑物的高度、面积、功能、重要性等方面加以综合考虑，选用相应等级的防火缆线。

（2）布线路由的设计方案如下。

根据以上基本原则和实际情况，这里给出以下布线路由设计方案，仅供参考。

① 水平配线子系统经由东端的弱电间引出，经由金属桥架向西端布放。桥架的布放位置应该和消防管道不同侧，同时注意底部高度应该在走廊吊顶之上。

② 进入各个工作区的线缆在经由桥架引出时，应该使用波纹软管，保证密封。

③ 进入工作区的线缆应使用 PVC 线管进入各个房间，并且需要避开混凝土的立柱，墙壁上的信息点应该通过线管直接接入信息底盒，地面的信息点应该采用比较整齐的路由排列方式布放于地面之下，再使用混凝土和地砖覆盖。

五、确定布线中使用的材料要求

（1）GB 50311—2007 中的相关设计原则：在实训项目 1 中已经就这些问题做过详细介绍，这里需要根据相关的规范要求来进行设计。

（2）确定材料的规格类型如下。

① 网络线缆：在本项目中，网络的主要用途为日常办公，这种情况对网络的数据传输速

率要求在 100Mbps 左右即可。所以这里采用超五类双绞线，但是因为线缆长度较长，所以要求使用质量较好的线缆，规格要严格遵守国家规范和标准。

② 电话线缆：在本项目中，因为要考虑到网络端口和语音端口之间的互换，所以就不再单独使用专门的电话线缆，而是使用网络双绞线代替。

③ 电视线缆：使用规格为 75-5 的同轴电缆。

④ 配线设备：网络和语音端口都要端接在比较常见的 24 口网络配线架上，同轴电缆使用电视信号配线架进行端接。

⑤ 底盒面板：根据设计方案，基本上网络信息点和语音信息点都是一一对应的，只有个别地方会多出来几个网络信息点，所以多数地方应该采用双口信息面板，在一个信息底盒中安装一个网络信息点和一个语音信息点。在墙面上的信息点使用 86 型暗装底盒和面板，在地面的信息点应该使用 120 型金属底盒和面板。电视信号面板单独配置。

⑥ 数据模块：根据设计方案，使用超五类数据模块端接所有双绞线线缆，包括数据信息点和语音信息点，不再使用语音模块。

⑦ 线管规格：在本项目中，线管的规格并没有太多的限制，但是由于大多数信息底盒的配置都是 1 个网络信息点和 1 个语音信息点，为了简洁、方便，对应关系明确，最好采用直径 16mm 的 B 型 PVC 线管，内部布放 2 条线缆。

⑧ 桥架规格：在本项目中，水平配线系统中的线缆数量共有 108 条，根据 GB 50311 对截面利用率的规范（见本书表 3-3），应该使用 200×100 规格的金属桥架。

任务实施和评价

本任务需要学习者自己制作一个设计方案。此方案内容应该包括线缆走向、信息点布局、使用的材料规格等相关文字，完成之后就应该进行打印保存。

教师可以采用如表 4-5 所示的评价表对学习者的设计方案进行评测（本评价表仅供参考）。

表 4-5　实训项目 2 任务 2 设计方案评价表

设计内容	效果及分值			
	优　秀	良　好	合　格	不　合　格
信息点数量及位置	数量位置合理，没有无谓的增加，也没有不足	数量基本合理，有一些是不必要的，或者个别地方欠缺	数量明显不足，但是非常重要的地方都有	数量明显不足，只有两三个地方，而且位置明显错误，其他都没有绘制出来
信息盒的位置	说明清楚，位置合理，布线方便	说明清楚，但是位置有些不太合理，有些地方布线不太方便	能够说明位置，但是不够理想，操作比较困难	无法说明位置在哪里，或者无法进行下一步操作
线缆路由位置	桥架和线管路由位置合理，方便布线，没有交叉	桥架线管路由位置基本合理，没有交叉，但是个别地方不利于布线施工	桥架和线路由有一些交叉，或者穿过墙体的路线过多，施工比较困难	所有布线位置混乱，路由中有大量交叉或穿过墙体，无法施工
管理间位置和配置	位置合理，方便施工，并且合乎规范	位置合理，配置有偏差，基本合乎规范	位置基本合理，但是配置有明显偏差	没有明确说明，配置不清楚，无法明确以后的工作

想一想

为什么现代建筑物中很少使用线槽进行明装布线？是不是因为不够美观？本项目中的桥架能否改成多条100mm线槽？

在现代建筑物中，明装方式很少被采用，不美观仅仅是原因之一。其实在布线工程中经常使用到的PVC材料有一个主要的缺点，就是老化。尤其是线槽，因为材质较薄，几年之内就出现发黄变脆的现象，进而脱落，导致线缆散落。而PVC线管通常管壁比较厚，埋入墙体以后也不易受外界环境影响，使用寿命较长；而金属桥架使用寿命更长，而且安装便利，明装方式也有利于后期的维护维修。所以在常见的综合布线工程中，如果不是旧建筑改造的项目通常都是使用金属桥架和暗埋线管的施工方法。

任务3　绘制施工图

任务说明

本项目的建筑物比实训项目一大得多，信息点的数量也大得多，施工难度也大得多。合理的设计需要一个精确合理的施工图才能将思路完整的表达清楚。在本任务中，需要根据现有的建筑结构图完成所有信息点位置和线缆位置的确定。并且通过合理的标注和图示来表明信息点以及线缆的类型数量。

任务内容

一、绘制信息点的位置并注明类型

（1）根据设计思路在施工图中绘制信息点的位置。墙壁上的信息点采用实训项目一中的图形，地面的信息点采用 ⌐TO⌐ 的形式。注意在集中型办公室里的位置需要根据乙方要求先规划好办公桌的位置，然后再进行确定。

（2）在信息点旁边注明类型，类型缩写应该和端口对应表相同。如会议室墙面只有一个电视信息点，标注为1S，会议室桌面下的信息底盒为一个网络信息点和一个电话信息点，就标注为1W1D，标注位置不要受到其他图形影响，也不要影响其他图形。为了便于施工人员理解，在施工图中要进行说明。

二、弱电间相关信息

由于弱电间较小，放置机柜等设备的空间不够充足，施工人员可以根据现场实际情况决定，故而不在施工图中绘制机柜等设备。

三、绘制桥架

（1）在走廊中确定桥架的位置，注意应该和消防管道不在同一侧。桥架的长度为70000，比走廊长度略短，宽度为200，符合设计要求中的规格，呈长条矩形。

（2）在桥架中添加填充图案，例如采用斜条纹图案。填充时注意填充比例，填充比例设置为 1000，如图 4-4 所示。

图 4-4　CAD 填充比例

（3）继续绘制楼层管理间引出的桥架，两端至走廊桥架和管理间机柜处，具体方法同上。

四、绘制各个信息点的布线路由

（1）绘制墙面信息点的布线路由：为了能够更加清楚的表示线缆经由的位置，暗埋线管不再被绘制在墙体内部，而是绘制在紧邻墙面的位置，穿过走廊墙体的时候为了避免在混凝土立柱上施工，线缆可以斜向直接穿过比较薄弱的墙体，接入走廊中的桥架。这些部分除了暗埋的线管都被隐藏在办公室和走廊的吊顶之内，可以满足设计需求。

（2）地面的信息点使用暗埋线管的方式完成，汇总到一起沿墙面向上，再经由吊顶上方穿过墙体进入桥架。

（3）所有线缆线管路由的绘制宽度为 0，以利于图面清晰可读。

五、绘制图示说明和图签（见图 4-5）

1．进行绘图说明

（1）信息底盒的高度说明：根据设计方案对几种高度进行说明，比如会议室的墙面上的电视信息点高度应该为 1.5m。

（2）材料使用说明：波纹软管、暗埋线管、金属桥架和信息面板的类型。

（3）接口说明：网络、电话均使用 CAT5E；信息面板左侧为网络，右侧为电话。

（4）各个信息底盒的信息点类型和数量：例如，1W1D 表示一个网络信息点和一个电话信息点。

（5）施工方法：吊顶之下的墙面使用暗埋施工，吊顶之上的部分需要根据实地情况采用合理的方法，但是不能将线缆裸露在外；桥架的支撑吊架距离等。

2. 绘制图签

图签包括图纸名称、编号、设计人单位等信息。

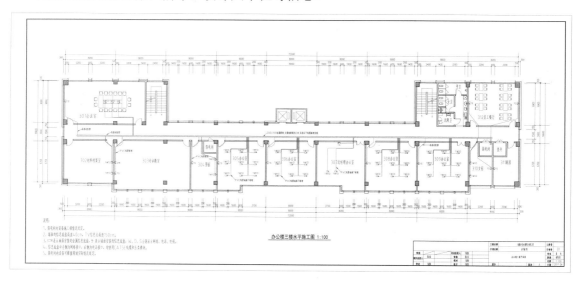

图 4-5　项目施工图示例（详见附录 A）

任务实施和评价

本任务需要学习者利用施工图的原图使用 CAD 添加内容，完成施工图。

教师可以采用如表 4-6 所示的评价表对学习者的施工图进行评测（本评价表仅供参考）。

表 4-6　实训项目 2 任务 3 施工图评价表

	效果及分值			
	优　秀	良　好	合　格	不　合　格
信息点的绘制	位置准确，信息点数量标注准确	位置合理但是不精确，数量标注正确	位置不太合理，数量基本正确	大量信息点位置看不清，数量不准。无法判断应该怎么处理
管理间的绘制	位置准确清楚易于识别	能够识别位置，但是具体尺寸不够精确	位置不太合理，尺寸也不精确	无法判断具体位置或者就没有
桥架线管的绘制	桥架位置合理，填充准确，线管位置准确，弯曲合理无交叉	桥架位置合理，填充不够准确，线管位置和弯曲合理无交叉	桥架位置基本合理，无填充或填充不准确，线管位置基本合理但是有交叉	桥架位置不合理，线管位置不合理，无弯曲
说明和图签	标注合理准确，图示说明清楚全面	标注合理但不够全面，图示说明比较清楚	有标注和说明，但是明显不足，指导后能够完成	没有标注说明

 想一想

施工图的标注文字内容太多，影响正常查看施工图怎么办？怎么能够既能减少标注文字又能明确表达设计思想？

CAD 图纸中各种各样的标注特别多，很多时候都是重复的，而且文字描述冗长，给看图者和绘图者带来很多不便。如果想要很好的解决问题，就需要简练的表示各种信息。常见的表示方法基本上就是两种：英文缩略文字和图例。而这些内容都应该在图纸的适当位置以表格的形式进行说明，以便工作人员在施工时能够进行参考。这里还需要注意一点，这种说明并没有统一的标准，每个设计公司都有不同的使用习惯，施工人员不可采用经验主义的方式。

任务 4　制作点数统计表

任务说明

在这样一个比较复杂的项目里，点数统计表就不再仅是统计数量了，设计者可以根据表格大致掌握各个信息点的分布范围，对于快速的进行材料预算和整个工程的成本统计都有重要的作用。在本任务中，需要根据项目要求使用 Excel 完成整个工程中所有各房间的点数统计，包括数据点、语音点和 TV 点。

任务内容

一、制作表格结构

本项目房间结构比较简单，不需要进行楼层的划分，信息点类型只有 3 种，按照房间号划分表格结构比较合理。

（1）每一行进行一个房间的统计，按照房间号的排列顺序进行，依次分别是 301、302……此处的编号也可以用于以后的端口对应表中。

（2）每一种信息点类型占据一列，在本任务中包括数据点（网络信息点）、语音点（电话信息点）、TV 点（电视信息点）。

（3）第五列为本工作区的数量统计，可以使用 SUM 函数来进行合计

（4）最后一行是各种信息点的总计，同样使用 SUM 函数进行合计。

（5）表格最后是设计单位的信息，包括制作、审核和日期。

二、填写表格数据

1. 数据填写

根据本任务的设计思路在每个房间编号填写数据点、语音点和 TV 点的数量如表 4-7（设计思路具体见本项目的任务 2）。

2. 数据统计

（1）使用 SUM 函数统计各个结果。

（2）继续进行统计，所有信息点总数量。

（3）填写制表和审核者的相关信息，并填写制表日期。

表 4-7　实训项目 2 点数统计表示例

实训项目 2 信息点数量统计表				
房 间 编 号	数据点数量	语音点数量	TV 点数量	合　计
301	4	2	1	7
302	2	2		4
303	2		1	3
304	2	2	1	5
305	9	9	1	19
306	9	9	1	19
307	2	2	1	5
308	9	9	1	19
309	9	9	1	19
310	2	2	1	5
311			1	1
312			2	2
总 计	50	46	12	108

制表人：闫战伟

审核人：闫战伟

制表日期：2017 年 7 月 5 日

任务实施和评价（见表 4-8）

表 4-8　实训项目 2 任务 4 点数统计表评价表

	效果及分值			
	优　秀	良　好	合　格	不　合　格
信息点数量	和设计完全相符	与设计基本相符，差别 1～3 个	与设计大致相符，差别 4～6 个	与设计差别较大
信息点类型	和设计完全相符	与设计基本相符，有 1～2 个错误	与设计大致相符，有 3～4 个错误	与设计差别较大，很多错误
数量统计	使用公式计算，结果准确	使用公式计算，结果有错误	没有使用公式，直接填入结果	没有计算或没有填写

 想一想

如果在施工过程中接收到新的信息点增加的要求，应该怎么处理？

综合布线是一项系统性的工程，各个方面关联密切，一旦有一个地方出现变动，整体都会出现变化，很多地方都要进行改动。如果在施工过程中需要添加信息点，就需要对点数统计表、端口对应表、配线子系统、主干线路等诸多方面进行调整。所以在设计之初就需要考虑到所有的问题，不能随意进行更改，否则会引起线缆对应错误，导致严重后续问题。如果确属必要，应该将新添加的信息点排在所有信息点之后，并修改所有文件，保证工程的正常完工。

任务 5　制作端口对应表

任务说明

因为本项目中的信息点数量比较多，使用的端接设备数量和端口的数量也很多，端口对应表就更能体现出其重要的作用。在以后的管理过程中，任何一个变动都需要及时在端口对应表中进行更改，大量的线缆在布线施工的时候需要严格规范的标签来进行区分。在本任务中，需要根据项目要求完成所有数据、语音和 TV 信息点的端口对应表，并进行合理的版面编辑，以备打印留档。

任务内容

一、制作表格结构

在本任务中，只有房间号的划分，没有楼层的概念，所以表格结构相对简单。

（1）每一行进行一个信息点的统计。

（2）第一列为序号，共有 108 个信息点。

（3）第二列为信息点的完整编号，由后续几列的内容组合而成。

（4）第三列为房间编号，根据前面制作过的点数统计表和设计方案进行排序。

（5）第四列是底盒编号，是指在本房间内对各个工作区进行的底盒编号顺序，用一个两位数表示，保证长度统一。在本任务中，采用的底盒编号顺序原则为：由西向东进行排列，位置在同一列的排序顺序为由北向南。意即在图纸上看到的顺序为由左上向右下方向。

（6）第五列是信息点编号，是指在一个底盒内的信息点编号顺序，在本项目中，一个底盒最多有两个信息点。根据前述的设计，大多数网络信息点和语音信息点都是成对出现的，所以在一个底盒中应该指定为左边是数据信息点右边为语音信息点；每一个电视信息点独占一个底盒。

（7）第六列为信息点类型，在本任务中根据一个统一标准进行标注，数据信息点、语音信息点和电视信息点分别使用"W""D""S"表示。

（8）第七列为配线架编号，用来区别机柜中的各个配线架。在本项目中，使用字母数字混合的方式表示。用来连接网络信息点的 24 口网络配线架共有 3 个，分别为"W1""W2""W3"；用来连接语音信息点的 24 口网络配线架共有 2 个，分别为"D1""D2"；电视配线架有 1 个，名称指定为"S1"。

（9）第八列为配线架端口号，是指在一个配线架中的端口位置，用一个两位数表示，保证编号的长度统一。

二、填写表格数据

1. 数据填写

根据本任务的设计思路，对照前述点数统计表进行数据的填写。

（1）根据点数统计表中的信息点总数，列出 108 个序号。

（2）根据点数统计表中每一个房间的信息点总数，填写房间号，比如 301 房间共有 7 个信息点，就在第 1～7 行的第三列都填写"301"，其余房间依次类推。

（3）301 房间的信息底盒排列顺序：排列在第 1 位的是西侧墙面上 1 个底盒，包含 1 个电视信息点；排列在第 2 的应该是会议桌下地面上最西侧的底盒，包含 1 个网络信息点和 1 个语音信息点；第 3 个与第 2 个相同；第 4 个包含 2 个网络信息点。按照指定的顺序和排列方法将底盒编号填入相应位置，同时按照这个顺序填写信息点在底盒内的编号和信息点类型。其余房间依次类推。

（4）挑选所有信息类型为"W"的行，在"配线架编号"一列进行填写，第 1～24 个填写"W1"，第 25～48 个填写"W2"，第 49 和 50 个填写"W3"。同样以此方法填写所有信息类型为"D"和"S"的行。

（5）挑选所有配线架编号为"W1"的行，在配线架端口号一列依次填写 1～24；在所有配线架编号为"W2"的行，在配线架端口号一列依次填写 1～24，所有配线架编号为"W3"的行，在配线架端口号一列依次填写 1、2。其他信息点类型也依次填写。

2．完善表格

（1）填写信息点编号：将房间编号、底盒编号、信息点编号、信息点类型、配线架编号、配线架端口号等信息使用"-"连接并填写在第二列信息点完整编号中。

（2）填写制表和审核者的相关信息，并填写制表日期。

完成后如表 4-9 所示。

表 4-9　实训项目 2 端口对应表示例（局部）（详见附录 A）

实训项目 2 端口对应表						
序号	信息点完整编号	房间编号	底盒编号	信息点编号	信息点类型	配线架编号	配线架端口号
1	301-01-1-S-S1-01	301	01	1	S	S1	01
2	301-02-1-W-W1-01	301	02	1	W	W1	01
3	301-02-2-D-D1-01	301	02	2	D	D1	01
…	…	…	…	…	…	…	…
21	305-02-1-W-W1-11	305	02	1	W	W1	11
22	305-02-2-D-D1-07	305	02	2	D	D1	07
23	305-03-1-W-W1-12	305	03	1	W	W1	12
…	…	…	…	…	…	…	…
32	305-07-2-D-D1-12	305	07	2	D	D1	12
33	305-08-1-W-W1-17	305	08	1	W	W1	17
34	305-08-2-D-D1-13	305	08	2	D	D1	13
35	305-09-1-W-W1-18	305	09	1	W	W1	18
36	305-09-2-D-D1-14	305	09	2	D	D1	14
37	305-10-1-W-W1-19	305	10	1	W	W1	19
…	…	…	…	…	…	…	…
52	306-08-1-W-W2-02	306	08	1	W	W2	02
53	306-08-2-D-D1-22	306	08	2	D	D1	22
54	306-09-1-W-W2-03	306	09	1	W	W2	03
…	…	…	…	…	…	…	…

序号	信息点完整编号	房间编号	底盒编号	信息点编号	信息点类型	配线架编号	配线架端口号
107	312-01-1-S-S1-11	312	01	1	S	S1	11
108	312-02-1-S-S1-12	312	02	1	S	S1	12

制表人：闫战伟

审核人：闫战伟

制表日期：2017 年 7 月 5 日

 ## 任务实施和评价（见表 4-10）

表 4-10　实训项目 2 任务 5 端口对应表评价表

	效果及分值			
	优　秀	良　好	合　格	不　合　格
表格结构	清楚准确，结构明晰	清楚但是有欠缺，结构明晰	清楚却有较多欠缺，结构比较明晰	结构不清楚，大量错误
工作区端编号	与设计相符，填写准确	与设计相符，有个别错误	与设计有一定出入，顺序有错误	和设计完全无关，大量顺序和设计不相符或者没有填写
管理间端编号	与设计相符，填写准确	与设计相符，有个别错误	配线架编号与设计有一定出入，错误较多	和设计完全无关，或者没有填写
信息点编号汇总	使用公式汇总，清楚无误	使用公式汇总，但是操作有误	没有使用公式，直接对比填写	没有汇总

 ## 想一想

在本项目中网络信息点和电话信息点的端接方法是相同的，都是连接在网络配线架上，总数共有 96 个，应该正好对应 4 个 24 口网络配线架，既然如此，为什么要把两种端口分开端接，平白多用了一个配线架？

布线工程中最讲究的是线缆的整齐划一，网络端口连接在网络配线架，并且要通过跳线和交换机相连；电话端口连接在网络配线架，以后还要通过跳线和 110 型跳线架相连，而这些跳线都会放置在机柜的前方。如果将这两种配线架分开，跳线就可以相对集中并且整齐，但是如果混杂在一起，各种跳线就会上下交叉，导致机柜中线缆混乱，使后期检修维护非常麻烦，看起来也不够整齐美观。

任务 6　制作材料统计表

任务说明

在这样一个比较复杂的项目中，用到的耗材数量就比较大了，计算起来也非常困难，而且表格很繁杂。但是实际上可以根据一些简便的计算方法，快速得到准确的结果。不过这里的线缆长度都比较长，不能像实训项目一的施工方法那样，材料统计表在这里就不能提供帮助了。

在本任务中，材料种类更多，包括底盒、面板、线管、桥架、软管、模块及各种线缆。计算完成后还要进行价格的计算，提供一个基本的材料预算，作为工程预算的一个重要组成部分。

 任务内容

一、制作表格结构

在本项目中，信息点数量较多，使用材料的种类比实训项目一要多，有些材料和信息点是相关的，而有些就没有关系，所以需要制作两个表格进行分别的统计。最后再根据材料统计表的统计结果制作一个材料预算表。

（1）主表格的表格结构如下。

① 每一行进行一个信息点的材料统计。

② 第一列为序号，根据前面制作过的点数统计表得到共有 108 个信息点。

③ 第二列是信息点名称，用端口对应表中的信息点完整编号表示。

④ 从第三列开始每一列代表一种和信息点相关的材料，包括双绞线、同轴电缆、16mm PVC 线管、波纹管、信息底盒等。这其中可以不包括超五类模块和 TV 面板以及双口面板，因为通过点数统计表就可以快捷的知道这些数量，无须再进行复杂的统计。比如，五类模块数量就是网络和电话信息点数量，TV 面板数量就是电视信息点数量，双口面板的数量就是底盒减去 TV 面板的数量。

（2）单独列出一个副表格，用于统计其他材料，在本任务中主要是走廊中的桥架、24 口网络配线架、110 型跳线架、电视配线架以及模块面板等。

（3）经过最后的分类合计，利用市场通行的价格进行详细的预算，列出材料预算表。

二、填写表格数据

1．填写主表格数据（见表 4-11）

（1）填写信息点名称：利用前面做好的端口对应表将所有信息点编号复制到本表格的第二列。

（2）底盒数量：根据端口对应表得知，有些信息点独占一个信息底盒，而有一些是和另外一个信息点公用一个底盒。针对这种情况，在某一个信息点所在的行中记录了底盒的数量，同底盒的另一个信息点就不需要再重复记录了。

（3）线管数量：通过施工图能够精确测量线管的长度，但是这个仅仅是水平方向的长度，需要根据设计图说明加上垂直方向的长度才能直接用于材料统计表。具体计算方法不再赘述。同时需要注意，不在同一个房间但是位置相同的信息点使用的线管长度应该相同，统计时可以直接复制。还有一点，因为大多数线管中都要布放两条线缆，所以在统计时不要重复计算。

（4）波纹管数量：统计方法和线管相似，在施工图中位于桥架和墙壁之间的一段就是波纹管，但是也需要注意不能重复统计。

（5）各种线缆的数量：在本任务中，线缆的种类包括超五类双绞线和同轴电缆两种。通过施工图查出线缆长度并考虑误差，综合计算后将数据填入表格中。

2．填写副表格数据

副表格中包括的材料设备基本上和单个的信息点无关，常见的包括以下几种，具体数量需要根据设计进行统计，同时在表中加入主表格的统计计算结果。示例如表 4-12 所示。

三、进行预算计算

（1）总计：对所有材料进行合计统计，计算出总量。

（2）预算：根据市场常见价格进行总量的价格汇总，可以得到总价格，即为这项工程的材料消耗总成本。

表 4-11　实训项目 2 材料预算表主表格示例（局部）（详见附录 A）

序号	信息点完整编号	双绞线（m）	同轴电缆（m）	波纹管（m）	⌀16 线管（m）	底盒（个）
			实训项目 2 材料预算表（一）			
1	301-01-1-S-S1-01		83	4	5	1
2	301-02-1-W-W1-01	76		2	10	1
3	301-02-2-D-D1-01	76				1
4	301-03-1-W-W1-02	75		2	9	1
5	301-03-2-D-D1-02	75				1
6 …	301-04-1-W-W1-03	74		2	8	1
27	305-05-1-W-W1-14	52		1	5	1
28	305-05-2-D-D1-10	52				1
29 …	305-06-1-W-W1-15	54		1	7	1
48	306-06-1-W-W1-24	46		1	7	1
49	306-06-2-D-D1-20	46				1
50 …	306-07-1-W-W2-01	48		1	9	1
74	308-07-1-W-W2-12	32		1	9	1
75	308-07-2-D-D2-08	32				1
76 …	308-08-1-W-W2-13	28		1	5	1
97	309-09-1-W-W2-23	22		1	7	1
98	309-09-2-D-D2-19	22				1
99	309-10-1-W-W2-24	24		1	9	1
100	309-10-2-D-D2-20	24				1
101	310-01-1-W-W3-01	17		2	3	1
102	310-01-2-D-D2-21	17				1
103	310-02-1-W-W3-02	19		2	5	1
104	310-02-2-D-D2-22	19				1
105	310-03-1-S-S1-09		18	3	3	1
106	311-01-1-S-S1-10		18			1
107	312-01-1-S-S1-11		19	4	5	1
108	312-02-1-S-S1-12		21	6	6	1
总计		4166	489	92	389	60

制表人：闫战伟

审核人：张会龙

制表日期：2017 年 8 月 15 日

101

表 4-12　实训项目 2 材料预算表副表格示例

实训项目 2 材料统计预算表（二）			
设备材料名称	使 用 数 量	价格（元）	总价（元）
24 口网络配线架	5	200	1000
110 型跳线架	2	200	400
24U 机柜	1	2000	2000
理线架	7	50	350
50 对三类大对数线	100	5	500
200×100 金属桥架	80	150	12000
金属桥架支撑架	40	30	1200
PVC 双口面板	7	10	70
PVC 电视面板	12	15	180
地面金属面板	41	60	2460
机柜稳压电源 UPS	1	8000	8000
双绞线	24	500	12000
同轴电缆	500	2	1000
波纹管	100	1	100
16mm PVC 线管	400	1	400
信息底盒	60	3	180
其他	—	—	2000
总计			43840

✎ 任务实施和评价（见表 4-13）

表 4-13　实训项目 2 任务 6 材料统计表评价表

	效果及分值			
	优　秀	良　好	合　格	不 合 格
表格结构	结构清楚明晰，材料齐全	结构清楚明晰，材料不足	结构不太明晰，大量材料没有入列	完全没有结构，材料也不齐全
材料数量	统计准确，与设计图完全相符	统计基本准确，和设计图有一定误差	很多材料误差较大	没有统计
数量汇总	使用公式汇总，计算准确	使用公式汇总，计算结果有错误	没有使用公式，直接填写，很多错误	没有汇总
预算	单价合理，总量正确	单价合理，总量计算有误	单价不清楚，总量大量错误	没有预算

 想--想

在实训项目一的底盒数量统计中，由于数量较少，对每一个进行比对，可以很快统计出正确的数量。但是在本项目中，由于数量较多，这种统计方法非常麻烦，需要很多时间，有没有更好的方法？

简单的方式也有，比如直接在施工图上清点底盒数量。但是这样的方式需要非常细心，在一个复杂的施工图中，清点时间也很长，并且每个人都很有可能漏掉一些或者重复统计。

不过我们可以在材料统计表中使用一个更为巧妙的方式进行统计。利用 Excel 的强大能力，我们可以使用一个公式=IF(LEFT(B4,6)=LEFT(B3,6),0,1)，也就是说在底盒数量的第一行填写"1"，从第二行开始就可以填写这个公式，并且一直到最后。

这个公式的含义其实也很简单，它对比了表格中上下两个相邻的信息点编号，从中提取了房间号和底盒编号，如果这两点相同，说明和上一个信息点处于同一个底盒，就填写一个"0"，如果不相同，就说明这是下一个底盒，那就填写"1"。在我们布线工程的设计工作中，灵活的利用各种 Excel 公式，能够给我们带来巨大便利。

任务 7 制作工程施工进度表

任务说明

在任何一项工程中，工程进度都是甲乙双方都非常重视的问题，合理的工期设置能够带来巨大的经济效益和社会效益。通过一个施工进度表就能够控制合理的工期，并对施工企业的效益产生正面的影响。

施工进度表的作用看起来很简单，仅仅是提供一个工程进度的大致预估，但实际上并非如此。首先，施工进度表不是任何设计人员都能制作的，它需要根据施工人员的人数和工作能力而定，还要考虑工程的施工难度；其次，它可以作为一个施工团队的考核办法，对施工人员进行督促，必要的时候也可以利用它对工人的薪酬进行调整，以达到提高工作效率、降低管理成本的目的。

在本任务中，需要根据本项目的工程量、施工难度等诸多因素对工期安排做一个基本表格，样式虽然可以简单一些，但是要基本合理。

任务内容

一、影响施工进度的因素

在一项布线工程项目中，会有众多因素能够影响到施工的进度，在制作施工进度表之前，项目管理人员需要对各种情况做基本的预估，根据自己掌握的各种信息对施工的工期以及每一个分项做统筹的考虑，才能合理的利用现有的人力资源更快更好的完成施工任务。

（1）工程量：这条影响因素是显而易见的，工程量越大施工时间越长，需要的工人数量越多。同时还要考虑整个工程中每一个分项的工程量，有些具体工作可能比较耗时，而有些可能就容易很快完成。就本项目而言，工程量中等，需要的工时不会太多。

（2）施工难度：与一个项目的难度高低有关的因素还是很多的，常见的有以下几个。

① 工作环境：天气的影响是工程项目的一个重要因素，冬季天气寒冷的时候，工人穿着较厚，行动不便，而夏季天气闷热也会造成工作效率下降；室内施工往往比在室外施工效率要高并且不易受到天气环境的影响；高空操作具有很大的危险性，需要多名工人进行合作；工作空间宽阔的时候施工进度比在狭窄空间内要快得多。

② 有关墙体的因素：施工中最麻烦的就是穿墙，穿过墙体的数量和墙体的强度很容易影

响施工进度。有经验的技术人员在进行设计的时候通常会尽量避免这些。

③ 线缆标准：不同的标准对施工的要求差异巨大，例如五类线通常只要使用普通的测线器进行测量就可以了，但是六类线就必须使用非常严格的测试仪器如 FLUKE。所以在安装布线的时候需要特别注意施工规范，包括拉力、截面利用率等。总体来说，标准越高，施工进度越慢。

（3）技术人员数量：在一个施工团队中，往往都有一些人员属于具有丰富工作经验的技术工人，他们工作效率高且失误率较低，并且往往能够承担各种不同的工作，在一个团队中能够起到带头作用。这些工人越多，工作效率越高，完成的效果也越好。

（4）工人素质：除了技术人员，工人的技能素质也是一条关键因素。高素质的工人队伍能够在规定的时间内快速准确完成所有任务，反之则会带来众多不可预测的问题。

（5）薪酬标准：布线工程成本中有很重要的一块就是各种薪酬，工人的薪酬待遇是影响施工进度的重要因素之一。薪酬往往分成两种形式，第一种是按工作日计酬，计算方法简单明确，但是不利于提高工作效率，需要项目负责人对工作量进行考核监督；第二种是按量计酬，有助于提高工作效率，但是容易引起施工质量的降低，需要后期通过检测对工人的工作质量进行考核和薪酬的调整。

二、确定施工的分项时间

每一个布线工程项目都包含很多内容，每一个小的项目都需要一段工期，有些内容需要有经验的技术工人来做，而有些工作就没有必要，任何人经过一定培训都可以完成。一个好的项目经理需要根据自己掌握的各种情况对每一个分项做出合理的估计，才能预计出来各项工作需要的工期。

（1）工作区墙体开槽：根据本项目的情况，需要在个房间共开槽大约 150m，预计应该使用 15 个工作日。

（2）桥架安装：桥架长度大约就是整个走廊的长度，约 70m，按照 GB 50311 的要求，应该安装 35 对吊装钩。整个桥架安装工时大约 12 个工作日。

（3）水平布线：本项目中共有 108 条线缆，需要完成 55 根线管的布放和波纹管的安装以及线缆的截取的整理。大约共需 15 个工作日。

（4）底盒线缆端接：共需要端接 108 个信息点，大约需要 3 个工作日。

（5）机柜理线：机柜的线缆整理和配线架的端接大约 3 个工作日。

整体需要的工作日大约 48 个。如果是 3 名工作人员来进行，工期大约为 16 天。

三、绘制施工进度表

1．绘制表格结构

表格结构包括表头、工作项目、工作日排列等几项内容。

2．进行时间的合理规划

根据上述的施工单项的工期推算方案，以 3 名工人为例完成。根据施工要求首先要进行墙体的开槽，因为这一部分工作产生垃圾最多，工作强度最大，最应该进行多人合作。其次，可以进行桥架的安装，这项工作也需要进行多人合作，并且需要使用膨胀螺丝和 U 型挂钩进行固定，劳动强度也比较大。第三步进行水平布线，这项工作有两人合作即可进行，劳动强度一般，三人合作可以进行轮流休息，能够更好地提高工作效率。第四步完成一百多个信息点的端接，劳动强度较小，可以单独工作分开进行。最后完成机柜内部的理线和端接，这一部分劳动强度不大，但是技术性较强，可以由有经验的熟练技术人员为主导，其余两人进行协作的方式。

根据刚才的排列方式和工期，使用粗实线填充在每一个相应的单元格，表示各项工作安排在第几个工作日进行。最后添加表格制定人和审核人及日期（见表 4-14）。

表 4-14　实训项目 2 任务 7 施工进度表示例

实训项目2施工进度表																
工作项目	工作日															
	1	2	3	4	5	6	7	8	9	10	11	12	13	14	15	16
墙体开槽	▬	▬	▬	▬	▬											
桥架安装						▬	▬	▬								
水平布线										▬	▬	▬	▬	▬		
线缆端接															▬	
机柜理线																▬

制表人：闫战伟

审核人：闫战伟

制定日期：2017 年 7 月 13 日

任务实施和评价（见表 4-15）

表 4-15　实训项目 2 任务 7 施工进度表评价表

	效果及分值			
	优　秀	良　好	合　格	不　合　格
表格结构	结构清楚明晰，分项齐全	结构清楚明晰，各项内容略有欠缺	结构不太明晰，大量项目有问题	完全没有结构，项目也不齐全
时间分配	计算准确，与设计思路完全相符	计算基本准确，和设计思路有一定误差	各项时间推算和分配误差较大	时间推算分配完全没有合理性

想--想

在本实训项目的施工进度中，很容易看出一个问题，所有的工作都是在上一项工作完成之后才进行的，是不是所有的工程项目都是这样的形式？

不是这样的。如果一个工程项目不大，三五个工作人员就可以实施，那么通常为了避免工作的枯燥，几名工人可以配合起来完成一项工作，然后再完成下一项。但是如果工程比较大，工作人员比较多，就需要将各种工作分开执行，这样就会在每项工作之间产生时间上的交叉。在这种情况下对设计人员和项目管理人员的要求就会更高，施工进度表的制定难度就会更大。在这种情况下，项目管理人员不仅要对所有工作都十分熟悉，而且还要对所有工作人员的能力都很了解，并且能够随时合理地调配技术工人、熟练工人和初级工人的岗位，管理难度也就随之提高。

任务 8　制作模拟施工设计图和设计表格

任务说明

通过设计模拟施工的相关文件，可以让学习者对整个实际工程有一个更为深刻的理解和把握，非常有助于整理设计思路和掌握基础知识。由于本项目比实训项目一要复杂一些，所以不可能完全对应起来，但是可以使用一部分信息点作为代表完成缩略工程。

本任务需要完成相关的模拟施工图、端口对应表，并能够根据自己的情况设计一个施工进度表，顺便估计一下工程量和施工时间的关系。

任务内容

一、本项目模拟施工图的注意事项

（1）简化：由于本项目工程量比较大，所以不可能在模拟设备上做到和实际工程完全对应，只能选取一部分信息点来做模拟设计施工，所以必须进行合理的简化。

简化应该尽量包括所有类型的房间。本建筑物中的房间类型有会议室、档案室、培训教室、集中型办公室、独立办公室、员工宿舍、厨房、员工餐厅等。由于实训设备的规模较小不可能做到面面俱到，本任务中就选取 301 会议室、302 档案室、305 办公室、307 总经理办公室、310 女员工宿舍、312 员工餐厅来进行模拟设计施工。

因为每一个房间内的信息点数量比较多，在绘制模拟施工图的时候也可以进行省略。每一个房间内的信息底盒可以只选取有代表性的一两个。例如 301 会议室的信息底盒共有 4 个，本任务只选择墙面上的一个和会议桌下地面上的一个即可。

（2）对应：在施工图中应该通过各种描述表示出对应的关系。通过文字注明各个房间的门牌号，表示一个墙面对应一个房间；通过信息底盒旁边的文字，来表示各个信息点的编号，同时各个编号应该与实际的端口对应表相符；为了表示各个信息底盒在实际施工中的高度不同，此处特别对模拟墙上的底盒高度做出调整，例如墙面的底盒相对位置较高，地面的底盒相对位置较低，位置最高的则是电视信息点。

二、绘制模拟施工图

（1）绘制空白墙面图：由于项目中的桥架较长，需要更多的模拟墙面。所以本任务中设计了 4 个墙面。每个墙面表示一个房间，北侧房间处于墙面上方，南侧房间处于墙面下方。然后在墙面的上、下添加房间号的标注文字。

（2）绘制模拟施工图：以绘制好的空白墙面图为基准进行设计。

① 机柜：在本任务中，仍以 530mm×350mm 机柜代替实际施工图中的管理间标准 24U 机柜。位置处于第四个墙面的中间位置。

② 桥架：由机柜上方引出规格为 40mm 的 PVC 线槽（表示走廊中的桥架），然后转向左方（表示桥架的走向），直到第一个墙面的左端为止。

③ 网络面板和电视面板：在本任务中，使用 86mm×86mm 规格信息底盒和面板。根据前述的对应原则，地面的信息盒距离 PVC 线槽较近，墙面上的信息盒距离较远，电视信息点距

离最远。同时在其旁边进行信息底盒编号的标注。

④ 线管走向：由于实际施工图中的线缆都是采用线管暗装，所以这里也采用直径为 20mm 的 PVC 线管表示从桥架引出的线管，线管两端连接 40mm PVC 线槽和信息底盒。

（3）标注：可以通过图例进行说明（见图 4-6）。

① 机柜的实际规格。

② 信息底盒的规格和面板的类型。

③ 线槽、线管的规格类型。

④ 线缆的规格类型。

⑤ 其他材料如配线架、模块的规格类型。

⑥ 对各个信息点的特殊说明。

⑦ 使用图签来表明设计单位等重要信息。

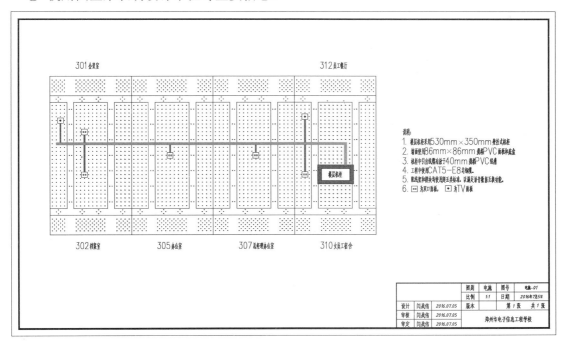

图 4-6 模拟施工图简例（详见附录 A）

三、制作模拟施工的端口对应表和施工进度表

（1）端口对应表：因为本项目任务较复杂，信息点数量较多，为了能够更清楚地表示出实际工程和模拟工程的对应关系，应该直接使用实际的端口对应表进行修改，删除没有在模拟施工图中显示的信息点，对剩余的原有信息点进行修改。

为了表示对应关系，原有的房间编号和底盒编号保持不变；配线架数量有了缩减，所有 24 口网络配线架编号都统一改为 W1，所有电话端口对应的 24 口配线架都统一改为 D1，电视配线架都保持 S1 不变。端口编号随数量的减少也进行改变，比如网络端口数量变为 6 个，端口编号就变为 01～06。

新的端口对应含义随之发生变化，例如 302-02-2-D-D1-03 表示：原施工图中 302 房间的第 2 个信息底盒中的第 2 的端口为电话信息点，端接在机柜中第 1 个语音配线架（实际是一个 24

口网络配线架）的 03 端口（见表 4-16）。

表 4-16　实训项目 2 模拟施工端口对应表示例

实训项目 2 模拟端口对应表							
序号	信息点完整编号	房间编号	底盒编号	信息点编号	信息点类型	配线架编号	配线架端口号
1	301-01-1-S-S1-01	301	01	1	S	S1	01
2	301-02-1-W-W1-01	301	02	1	W	W1	01
3 …	301-02-2-D-D1-01	301	02	2	D	D1	01
8	302-01-1-W-W1-02	302	01	1	W	W1	02
9	302-01-2-D-D1-02	302	01	2	D	D1	02
10	302-02-1-W-W1-03	302	02	1	W	W1	03
11 …	302-02-2-D-D1-03	302	02	2	D	D1	03
21	305-02-1-W-W1-04	305	02	1	W	W1	04
22 …	305-02-2-D-D1-04	305	02	2	D	D1	04
59	307-02-1-W-W1-05	307	02	1	W	W1	05
60 …	307-02-2-D-D1-05	307	02	2	D	D1	05
102	310-02-1-W-W1-06	310	02	1	W	W1	06
103	310-02-2-D-D1-06	310	02	2	D	D1	06
107	312-01-1-S-S1-02	312	01	1	S	S1	02

制表人：闫战伟

审核人：闫战伟

制表日期：2017 年 7 月 5 日

（2）施工进度表：项目工程被简化之后，工程量也有了很大的缩减，需要重新制作一个施工进度表，以便在模拟施工中参考（见表 4-17）。

表 4-17　实训项目 2 模拟施工进度表

实训项目2施工进度表								
工作项目	工时							
	1	2	3	4	5	6	7	8
机柜底盒安装	▬							
线槽线管安装		▬	▬					
水平布线				▬	▬			
线缆端接						▬	▬	
机柜理线								▬

任务实施和评价（见表 4-18）

表 4-18　实训项目 2 任务 8 模拟施工图及端口对应表评价表

	效果及分值			
	优　秀	良　好	合　格	不　合　格
整体布局	能够体现实际工程的结构和内容	基本上能够体现工程结构内容，路由有欠缺	大致能够体现结构内容，路由欠缺比较多	无法弄清结构内容，也没有对应关系
对应关系	对应关系明显，每一个都能清楚说明实际位置，信息点高度明确	基本对应清楚，但是信息点高度没有区别	个别信息点对应不清楚，经询问可以识别具体位置	对应关系不够明确，无法解释清楚
端口对应表	清楚明白，每一条线缆两端对应正确，与实际端口对应表没有误差	基本清楚，和实际端口对应表没有误差，但是有些线缆两端对应错误	不太清楚，和实际端口对应表有一定误差，需仔细识别，线缆两端对应也有个别错误	无法识别，或者没有完成
施工进度表	预设合理，时间分配准确，步骤清楚	预设合理，时间分配有不合理之处，步骤清楚	预设基本合理，时间分配不准确，步骤比较清楚	步骤不明确，时间分配明显有错误

任务 9　项目施工

任务说明

在综合布线的学习中，实践操作永远是最重要的一环，无论是作为一名合格的技术工人还是作为设计人员或项目管理者，都应该有一定的实践能力。所以本任务的工作应该尽量保证独立完成。在完成任务的过程中，还需要注意准确性，必须和前面的各种设计方案图纸、表格相符。同时注意各种操作规范，施工的过程中一定要注意安全防范工作，对施工现场和材料进行合理的整理与摆放，不要过于追求施工进度，促使自己早日养成良好的职业习惯。

任务内容

一、施工准备

本项目中施工方案相对复杂一些，需要做的准备工作比较复杂，除了实训项目一中需要的之外，另外还要准备其他相关材料，包括规格为 200mm×100mm 的桥架、桥架的支撑架、波纹管等，另外还要多准备人字梯等施工工具。

二、施工过程

和实训项目一相同，施工前要做好安全保护工作，具体措施请参考实训项目一的任务 7。

1．工作顺序

在施工开始之前，已经根据实际情况进行了工作流程的规划，并且制定了施工进度表。根据施工进度表，在本项目中，可以采用以下工作流程。

（1）墙体和地面开槽：在办公室装修中，地面敷设的管线数量和种类比较少，除了本项目中的弱电线缆，一般还会有一些强电线缆。因此施工时开槽的位置要和施工图保持一致，以便于后期的维修及维护。

（2）安装信息底盒：根据施工图的位置在墙面上安装底盒并固定。

（3）安装桥架：根据国家规范，支撑吊架的间距应该在 2m 之内。因此应该在安装桥架之前在走廊吊顶之上的天花板上安装支撑吊架。然后安装金属桥架。因为安装过程中需要用到人字梯等工具，应该两人进行协作以确保安全。

（4）安装线箍：线箍用来将桥架中的各条线缆进行方形理线。施工的时候将线箍的底座固定在桥架上，然后就可以将线缆按照预定顺序放入桥架并拉直就行了（见图 4-7）。

图 4-7 线箍的布线效果（方形理线）

（5）水平布线：为了桥架中布线整齐统一，需要根据线缆的端接位置对线缆进行排序，并根据此顺序依次截取线缆并进行布放和绑扎。在本项目中，需要根据端口对应表中的顺序进行排列。例如，这里首先应该将第一个 24 口网络配线架对应的线缆进行布放绑扎。其步骤如下。

① 查阅端口对应表，将第一个配线架中的线缆对应的房间号标出，打印三份这些信息点编号的不干胶标签。这 24 个信息点如表 4-19 所示。

表 4-19 布线施工第一组信息点编号

信息点完整编号	房间编号	底盒编号	信息点编号	信息点类型	配线架编号	配线架端口号
301-02-1-W-W1-01	301	2	1	W	W1	1
301-03-1-W-W1-02	301	3	1	W	W1	2
301-04-1-W-W1-03	301	4	1	W	W1	3
301-04-2-W-W1-04	301	4	2	W	W1	4
302-01-1-W-W1-05	302	1	1	W	W1	5
302-02-1-W-W1-06	302	2	1	W	W1	6
303-01-1-W-W1-07	303	1	1	W	W1	7
303-01-2-W-W1-08	303	1	2	W	W1	8
304-02-1-W-W1-09	304	2	1	W	W1	9
304-03-1-W-W1-10	304	3	1	W	W1	10
305-02-1-W-W1-11	305	2	1	W	W1	11
305-03-1-W-W1-12	305	3	1	W	W1	12
305-04-1-W-W1-13	305	4	1	W	W1	13
305-05-1-W-W1-14	305	5	1	W	W1	14
305-06-1-W-W1-15	305	6	1	W	W1	15

信息点完整编号	房间编号	底盒编号	信息点编号	信息点类型	配线架编号	配线架端口号
305-07-1-W-W1-16	305	7	1	W	W1	16
305-08-1-W-W1-17	305	8	1	W	W1	17
305-09-1-W-W1-18	305	9	1	W	W1	18
305-10-1-W-W1-19	305	10	1	W	W1	19
306-02-1-W-W1-20	306	2	1	W	W1	20
306-03-1-W-W1-21	306	3	1	W	W1	21
306-04-1-W-W1-22	306	4	1	W	W1	22
306-05-1-W-W1-23	306	5	1	W	W1	23
306-06-1-W-W1-24	306	6	1	W	W1	24

② 为了提高布线效率，准备 24 箱线缆，参照上述表格中的房间号，在每一个房间的进线点摆放线缆箱。例如，在 301 会议室西侧墙面有 1 个信息点，在这个进线位置的地面上摆放 1 箱线缆，出线口向上。

③ 在线缆箱上方和线缆的一端贴上前面打印的信息点编号标签，开始拉出线缆并同时在桥架上布放，卡入线箍的第一个位置。考虑到进入管理间之后还有一段长度，所以必须留有一定的余量。

④ 在线缆箱一端，计算进入房间的距离并且添加一定的余量，比如信息底盒中需要增加 0.3～0.5m 的长度，根据此长度截断线缆。在线缆的这一端贴上信息点编号标签，同时撕去线缆箱上的标签。

⑤ 以此方法依次完成第一组配线架的 24 条线缆。

（6）穿线：线缆从桥架引出之后，通过波纹管进入暗埋线管。在办公楼的工程中线管通常都是首先埋设好的，进行布线的施工人员到达时所有线管的外侧都已封闭完成，所以必须使用穿线钢丝来进行牵引。

① 首先将穿管钢丝穿入暗埋线管，并在两端都露出一定长度。

② 使用绝缘胶带将线缆和穿线钢丝缠绕并黏合在一起。注意，如果是两条线缆应该使它们错开距离，保证前端比较细，以减少穿线时的阻力。两条线缆的缠绕粘合方法如图 4-8 和图 4-9 所示。

图 4-8　两条线缆与穿线钢丝错开距离

图 4-9　两条线缆的连接方法

③ 从信息底盒一端牵引穿管钢丝，注意力量的大小不能超过国家标准的数值。

④ 线缆即将被牵引结束的时候注意放慢速度，另一名施工人员须手持波纹管缓慢顺直线缆，并套在暗埋线管之外。

（7）模块端接：根据穿入的线缆标签，检查对应的端口是否有错误，减去多余的线缆，并重新粘贴新的标签，再进行模块端接和面板固定，完成后在面板上再次使用标签进行标注。

（8）机柜理线和配线端接：所有线缆经由桥架引入管理间之后，都要进入机柜进行端接。端接前后需要进行线缆的整理，这个过程被称为理线。

目前常用的理线方法有三种：第一种方法是瀑布式理线，所有线缆不做绑扎，直接垂下来，虽然节省人工，但是不美观而且长时间之后容易引起端接点断开从而造成不通；第二种方法是逆向理线，理线过程是在端接之后进行，这时线缆两端均已固定，整理之后就会将多余的线缆混乱的布放在一起，尤其是机柜下方；第三种方法是正向理线，也叫前馈式理线它是目前最常见的理线方法。这种理线方法往往从设备间或管理间的进线口开始，将所有线缆逐段进行清理绑扎，保证每一段都整齐划一，直到端接点的位置，然后再进行端接。这种方法整理出来的线缆美观整齐，而且不会出现线缆的交叉，最容易进行线缆故障的查找，但是如果线缆本身就有问题造成链路不通就需要把有问题的线缆抽出来，导致所有线缆都要再次重新整理。所以这种方法对材料的要求和施工的质量要求都比较高。

正向理线的过程并不复杂，所有线缆经由桥架进入机柜之后，按照桥架的绑扎顺序依次沿机柜右侧方向下整理，每隔 30～40cm 需要再次进行绑扎，到达指定配线架和理线环位置的时候开始转角，每经过一个配线端口位置，就留一根线缆，然后绑扎剩余的线缆，直到最后一根线缆被留出。理线端接后的效果如图 4-10 和图 4-11 所示。

图 4-10　正向理线的效果一

图 4-11　正向理线的效果二

然后将所有线缆截取成合理的长度，同时更换标签，再进行端接。

（9）清理工作：完成工作后应该清理现场，包括管理间的线头、底盒内的线头、地面的各种线头垃圾，以及其他各种纸质材料和废弃的标签等。

2. 标签

标签在施工中的作用无须赘述，在本实训项目中由于线缆数量众多，标签也会比较密集，如果还是使用配线架上的小型标签，则无法起到明示作用。另外，由于标签的使用年限比较长，纸质标签容易腐烂发霉，所以它不适合这样的办公场所。建议使用 7 型或 T 型标签，效果清楚明了，如图 4-12 和图 4-13 所示。

图 4-12　7 型标签

图 4-13　T 型标签

3．施工规范

在本实训项目的施工过程中，需要遵守的各种施工规范和实训项目一类似，这里不再赘述。

三、CP 链路施工

在施工的过程中，经常会出现一些特殊情况，如果路由弯曲太多或者墙体结构复杂，会导致线缆不能一次穿入。在这种情况下，就可以采用 CP 集合点来解决这些问题。

一般来说，永久线缆中间是不能出现续接现象的。根据 GB 50311—2007 的要求，CP 集合点不能出现在工程设计中，但是如果在施工过程中出现进行困难的情况，则可以采用一些连接器件对两段永久线缆进行连接。这些器件包括卡接式配线模块、8 位模块通用插座、各类光纤连接器件和适配器。

CP 集合点应该在施工过程中被提前预知，并且根据现场的实际情况被放置在合理的位置，使之不易受到外界的影响并易于操作。富有经验的技术人员和施工人员通常能够胜任此工作。

四、模拟施工

1．准备工作

在实验室的模拟施工准备工作与实训项目一类似，另外添加了一种材料 40mm 的 PVC 线槽和工具如钢锯。

2．工作顺序

（1）做好安全防范准备工作。佩戴安全帽，并做好其他安全防范工作。

（2）安装机柜和信息底盒。具体方法和实训项目一相同。

（3）安装 40mm PVC 线槽。在模拟设备上截取和安装 40mm PVC 线槽的具体方法请参考实训项目 2 任务 8。

（4）安装线管：根据施工图的指定位置在模拟设备上安装 20mm PVC 线管。

（5）截取并布放线缆：这一部分工作应该由多人配合完成。首先在线缆一端粘贴标签；抽取线缆在设备的线槽、线管上进行对比，将合适长度的线缆截取下来，并在另一端粘贴同样内容的标签；将这条线缆放入线槽（由于无法进行固定，所以应该由其他人员进行扶持），一端插入机柜孔中并预留 80cm 左右，待所有线缆都放入线槽之后再盖上槽盖；使用穿管钢丝将需要进入信息底盒的线缆拉入线管，并截取合适的长度，再次贴上标签。

（6）模块端接：根据设计要求进行模块端接和面板安装。

（7）机柜内理线：在机柜内部将线缆整齐扎住，沿着一个弯曲方向进入理线环并从对应的缺口中引出，比对合理的线缆长度，截掉多余的线缆并再次贴上标签。

（8）配线端接：因为配线架的端接口都在后方，因此必须将所有线缆向下翻过来，并且将配线架端接口向外固定在机柜内，再进行端接，完成后须小心将配线架再翻回上方，并重新整理理线环。

（9）标签：在理线环上方露出来的小段线缆上粘贴 7 型或 T 型标签，标签内容为信息点编号；在信息面板上粘贴纸质标签，内容为房间号和底盒号，如 301-1。

3．模拟施工中需要注意的问题

（1）实训项目一中的各种问题同样需要注意，请注意参考实训项目 1 任务 9。

（2）机柜线缆端接的时候，因为需要反过来，所以很容易出现反接的错误，需要认真识别，看清线缆方向。

（3）注意粘贴标签的方向必须统一，长度也要一致，才能保证整齐划一外观完美。

 任务实施和评价（见表 4-20）

表 4-20　实训项目 2 任务 9 模拟施工评价表

	效果及分值			
	优　秀	良　好	合　格	不　合　格
安全规范	正确佩戴安全帽，正确使用工具，有危险的地方知道采用防护措施	正确佩戴安全帽，使用工具比较随意，必要的时候无防护措施	不能正确佩戴安全帽，随意使用工具，必要的时候无防护措施	不佩戴安全帽，使用工具追逐打闹
位置准确	底盒、线槽、机柜等要点位置准确，无错误	底盒、线槽、机柜等要点位置有个别错误	底盒、线槽、机柜等要点位置有较多错误	底盒、线槽、机柜等要点位置有大量错误，完全没有参照施工图
完成量	所有工作全部完成	没有完成标签	没有完成机柜中和信息底盒中的端接	没有完成线槽安装和穿线
工程效果	线槽长度基本合理，横平竖直，缝隙很小	线槽长度基本合理，基本整齐，缝隙稍大	线槽长度有一些错误，造成很大的缝隙	线槽长度差距较大，缝隙现象严重或者大量线缆裸露

 想--想

虽然在实际施工中，由于线缆长度过长，采用了由信息点到机柜的布线方式，但是在模拟施工中由于规模较小，线缆长度也不长，我们是否仍然可以使用实训项目一中的施工方法呢？

不能使用，因为模拟施工的意义在于尽量通过实训室的设备完成实际工程的操作过程。在这一项工程中实际应该采用什么工作方法，我们使用实训设备的时候也应该使用这种施工方法。如果我们的操作方式永远不变，就不可能掌握实际工程中的各种操作技能。

任务 10　系统测试与维修

📖 **任务说明**

综合布线系统的性能与元器件性能、施工工艺、外界电磁干扰等多个因素有关，在一个较为规范的施工项目完成之后，需要进行专业的系统测试。这种测试通常是由一个专业公司来进行并收取一定的费用。本任务就是需要使用专业的 FLUKE 测试仪器对所有线缆进行测试，同时查看各种测试指标。并且根据测试结果进行测试记录，并在记录表中注明测试不合格的原因和解决方法。最后再根据测试报告记录进行针对性的维修和再次测试，保证系统完成之后能够符合甲方的各种要求。

任务内容

一、测试内容

综合布线的测试内容应该包括所有的永久线缆和临时线缆。在本项目中，永久线缆的数量比较多。根据国家标准，验收过程中应该对每一条线缆都进行精确的测试。测试内容应该包括每条线缆的重要指标，这些指标包括接线图、长度、传输时延、近端串扰（NEXT）。

二、测试工具

在本实训项目的精确测试中应该使用的工具为 FLUKE DTX1500 网络测试仪。此测试仪分为两个部分，一部分是主机测试端，另一部分是远端测试端，在使用时需要用到两条经过检测合格的标准跳线。

三、测试准备

（1）准备两条经过测试并合格的短跳线，将其连接在主机测试端和远端测试端。

（2）将主机测试端连接在永久链路的配线架一端，将远端测试端连接在工作区信息面板的一端。FLUKE 链路测试如图 4-14 所示。

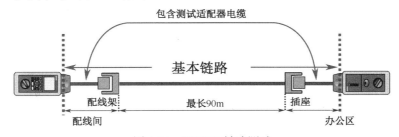

图 4-14　FLUKE 链路测试

四、测试接线图

（1）将主测试端的旋钮转至 SINGLE TEST（单项测试）。

（2）移动光标，选择"接线图"。

（3）按下 TEST 键，如果是正确的接线图，测试仪上会显示出如图 4-15 所示的内容。

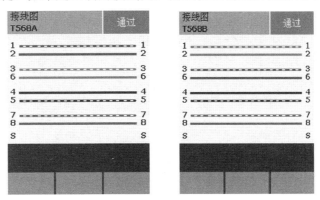

图 4-15　正确通过测试的接线图

（4）几种不合格的接线图及维修方法。

① 开路：因为各种原因造成的线缆断开和端接松开，测试仪中会显示开路的具体位置，包括哪一条线芯和断开的具体长度位置等，开路的测试接线图如图 4-16 所示。

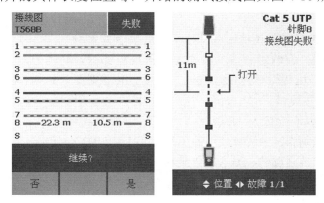

图 4-16　开路的测试接线图

出现这种情况后，需要检查开路的位置。如果开路的位置在整条链路的某一端，原因就是端接不合格，需要进行再次端接并再次测试；如果开路的位置在线缆的中间，原因就是线缆断开，必须对这条线缆进行更换，然后再进行测试，直到合格。

② 短路：任意两条线芯的接触都会引起短路。这时测试仪上会显示出如图 4-17 所示的内容。

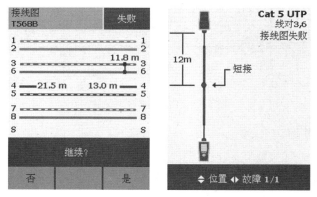

图 4-17　短路的测试接线图

维修时也需要进行短路位置的检查。如果短路在链路的一端，原因就可能在配线架或信息底盒的端接失误，需要重新端接并再次测试；如果短路的位置在链路的中间，原因就是线缆外皮断裂，造成线芯裸露，引起线芯接触，这种情况就必须更换线缆，然后再进行测试，直到合格。

③ 跨接/错对：任何两对线缆出现错位，都被称为跨接或错对。测试仪上会出现如图 4-18 所示的内容。

这种故障的原因是端接错误引起的，最常见的问题是 T568A 和 T568B 的混淆。维修时需要进行再次端接与测试。

④ 反接/交叉：一个线对中的两条线芯顺序相反会引起反接和交叉。这时测试上会显示出如图 4-19 所示的内容。

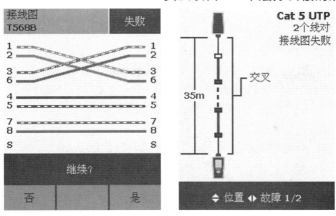

图 4-18　跨接/错对的测试接线图

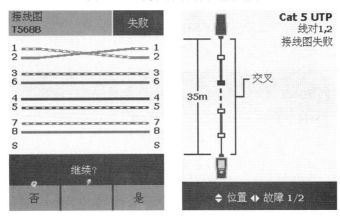

图 4-19　反接/交叉的测试接线图

这种故障的原因都是端接错误引起的。维修时需要进行再次端接与测试。

⑤ 串绕：一条线缆中没有线芯出现端接顺序错误，线缆中间也没有断开，但是因为其他原因造成线序混乱。这时在测试仪上会显示出如图 4-20 所示的内容。

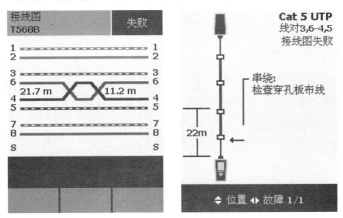

图 4-20　串绕的测试接线图

这种故障的原因是线缆在布放过程中出现严重弯曲，造成线芯位置错位。维修时需要对线缆进行重新整理，如果串绕严重无法恢复，就必须更换线缆再进行测试，直到合格。

五、测试链路长度

在综合布线系统中，永久链路的长度关系到整个系统的性能。如果整个传输过程中，速率较低或者错误率较高，就有必要对这条链路的长度进行精确的测量。FLUKE 测试仪可以精确地测量开路的位置，因此也可以准确测量线缆的长度。其测量方法如下。

（1）将主测试端的旋钮转至 SINGLE TEST（单项测试）。

（2）移动光标，选择"长度"。

（3）按下 TEST 键，测试仪上会显示出如图 4-21 所示的内容。

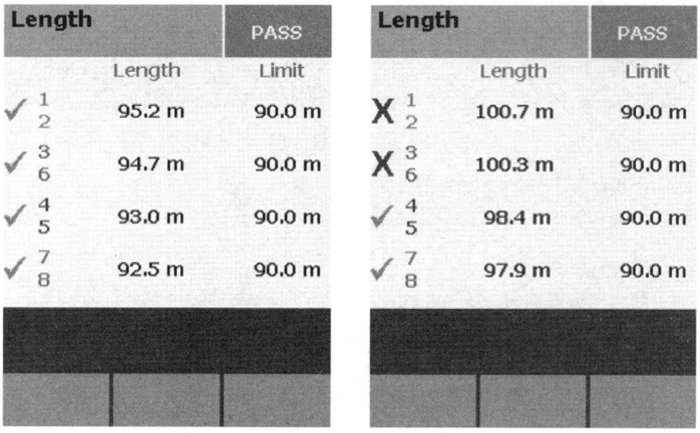

Length			PASS
	Length	Limit	
✔ 1 2	95.2 m	90.0 m	
✔ 3 6	94.7 m	90.0 m	
✔ 4 5	93.0 m	90.0 m	
✔ 7 8	92.5 m	90.0 m	

Length			PASS
	Length	Limit	
✗ 1 2	100.7 m	90.0 m	
✗ 3 6	100.3 m	90.0 m	
✔ 4 5	98.4 m	90.0 m	
✔ 7 8	97.9 m	90.0 m	

图 4-21　测量长度

如果长度符合标准要求，测试仪显示为"通过"，否则显示为"失败"，如果失败，就需要对这条链路进行修改，或者对整个布线系统进行适当的调整，以保证链路长度符合要求。

六、测试传输时延

传输时延指的是信号在发送端发出后到达接收端所需要的时间，如果时间过长会引起数据帧的丢失，导致网络不通畅。使用 FLUKE 测试仪测量传输时延的方法如下。

（1）将主测试端的旋钮转至 SINGLE TEST（单项测试）。

（2）移动光标，选择"传输时延"。

（3）按下 TEST 键，测试仪上会显示出如图 4-22 所示的内容。

七、测试近端串扰（NEXT）

一条链路中，处于缆线一侧的某发送线芯收到的类似噪声的干扰。干扰信号如果足够大就会破坏原来的信号，甚至有可能会被错误地识别为信号，导致线路不通畅或者网络连接完全失败。使用 FLUKE 测试仪测量近端串扰的方法如下。

（1）将主测试端的旋钮转至 SINGLE TEST（单项测试）。

（2）移动光标，选择 NEXT。

（3）按下 TEST 键，测试仪上会显示出如图 4-23 所示的内容。

需要注意的是，NEXT 需要进行双向测试，以保证两端都能达到标准，保证传输效率。

图 4-22　测量传输时延

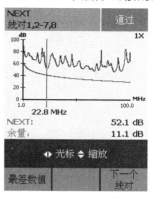

图 4-23　测量近端串扰

八、测试维修记录

在测试过程中，需要进行测试登记，并进行维修，做好维修记录。示例如表 4-21 所示。

表 4-21　测试仪对各项指标的不合格原因分析和维修方法

信息点名称	测 试 指 标	不合格原因	维 修 方 法

 任务实施和评价（见表 4-22）

表 4-22　实训项目 2 任务 10 测试维修评价表

	效果及分值			
	优　秀	良　好	合　格	不 合 格
合格情况	全部合格	1～2 条线缆部分指标不合格	3～4 条线缆部分指标不合格	有个别线缆不通，也有一些指标不合格
原因查找	能够看懂测试报告,进行原因分析，查找准确	经过资料查找能够看懂报告并找到原因	不能独立完成原因查找,在帮助下可以完成测试报告	不会查找，不能完成
维修过程	能够很快维修所有不通的线缆	能够维修很多问题,但是速度较慢	在帮助下能够进行维修,能够解决大部分问题	无法完成维修工作

💡 **想一想**

为什么在这个项目中需要使用 FLUKE 测试仪，而不是使用实训项目 1 中简单的测线器？

测线器只能测试出简单的通断情况，不能对整条链路的性能指标给出详细的评估。在一个要求比较严格的工程项目中，不能因为链路通了就完成了任务，而是要让它符合严格的标准。在我国的各项规范中，还有一项 GB 50312 是验收标准，它和 GB 50311 结合在一起才能算是完整的综合布线国家标准。在 GB 50312 中，各项指标非常严格，只有完全通过测试的链路才能保证在长期的使用过程中保持良好的电气特性，不会因为外界环境和使用方法的变化造成传输效率的下降。因此，在一些要求比较高的工程项目中需要使用这种严格的测试方法，并且还要为这种复杂的测试支付较高的技术费用。

任务 11　制作施工总结验收报告

任务说明

一个专业的施工企业在项目完成之后，就要填写一份施工和测试的总结，作为一份重要的档案在甲、乙两方进行保存，以便以后进行查阅。如果产生各种法律纠纷，也需要这份重要的文件作为法律依据。本任务就是要根据实际情况做出一份能够起到法律效应的总结性文件，包括整个工程的内容和验收结果等。

任务内容

一、工程验收单

在综合布线工程验收单中应该列举出来所有工程内容，包括工期、分项名称、各个分项的完成情况等。综合布线工程验收单如表 4-23 所示。

表 4-23　综合布线工程验收单

工程名称	仓储公司综合布线工程		
施工单位			
施工工期	年　月　日—　　年　月　日		
施工内容			
序号	分项名称	是否完成	备注
1	网络线缆铺设	是，否	
2	桥架安装	是，否	
3	机柜安装	是，否	
4	配线架、模块、面板安装	是，否	
5	面板与配线架线缆标识	是，否	
6	连通性测试	是，否	
我公司已完成该工程的材料供货和施工工作，材料符合合同要求，施工质量符合相关标准。			
业主单位签字： 年　　月　　日			

二、信息点测试清单

工程完成并经过验收单位测试验收通过，施工单位需协同验收单位出具信息点测试清单，作为双方的验收文件。信息点测试清单如表 4-24 所示。

表 4-24 信息点测试清单

工程名称	仓储公司综合布线工程			
施工单位				
验收单位				
验收时间	年　月　日			
序号	信息点位	连通性测试	是否通过	备注
			是，否	
			是，否	
			是，否	
			是，否	
业主单位签字： 　　　　　　　　　　　　　　　　　　　　　　　　　　　　　　　　　年　　　月　　　日				

三、工程材料设备交付清单示例

工程完成并经过验收单位测试验收通过，施工单位需对自己的完成项目进行交付，所有线缆和设备及管理文档都需要转交给业主一方。为避免遗漏，双方需要根据工程合同对所有设备进行清查，制作一个工程材料交付清单并签字存档。工程材料设备交付清单如表 4-25 所示。

表 4-25 工程材料设备交付清单

工程名称	仓储公司综合布线工程				
施工单位					
交付时间	年　月　日				
交付内容列表					
序号	名称	品牌	参数	单位	数量	确认（√）
1						□
2						□
3						□
4						□
5						□
6						□
7						□
8						□
9						□
业主单位签字： 　　　　　　　　　　　　　　　　　　　　　　　　　　　　　　　　　年　　　月　　　日						

想一想

一个项目结束之后，通过验收报告和维修记录可以证明所有工程都已完工，为什么还要这么复杂的施工总结呢？

在综合布线施工工程中，运用到的设备部件非常多。所有信息点的通断情况只是其中的一个部分，另外还有各个子系统的安装情况、设备安装的情况、数量统计的确认、各种材料的确认等。这些在合同中都有相应的约定，因此在施工结束后必须根据合同中的约定进行最后的总结汇报，以用于证明工程的全部结束，并作为法律依据。

实训项目3 多层宿舍楼的综合布线工程

项目描述

综合布线工程属于建筑中的弱电工程，通常都是在新建项目的建筑工程完成之后紧接着进行的。一座完整的建筑物需要什么样的设计和工程标准，是从业人员需要掌握的重要能力。

本实训项目是一个多层多房间的工程，结构更复杂，需求更高。某职业技术学院新校区中的一座学生宿舍楼要进行综合布线工程，需要根据学校的需求进行。具体内容包括投标书、点数统计表、端口对应表、材料统计表、施工进度表、工作区施工图、垂直系统施工图、管理间和设备间施工图等设计文件；和前两个实训项目相同，最后需要根据施工图做一个缩小简化的模拟工程，完成各种模拟表格和图纸，并在企想综合布线实训设备上完成模拟工程，最后进行系统测试和维修，并完成施工报告。

经过一个更接近于真实项目的训练学习，能够更好地理解综合布线的整个过程，在以后的工作中，可以更快地熟悉工作步骤，把握工作过程，熟悉工作内容，为成为一名合格的工程技术人员做好准备。

项目实施

本实训项目中共 17 项任务，包括理论知识、项目设计和实训操作。因为在前两个实训项目中已经学习了很多必要的理论知识，所以在本实训项目中的主要内容是完成施工图和表格等设计作业，另外还有模拟施工任务，以及更加规范的检测报告和维修工作。与前面两个实训项目相同，最后还有一个比较详尽的工程总结。

各知识点在本实训项目中就不再一一介绍，尽量采用简洁的方式进行描述。具体的细节可以参考实训项目一和实训项目二中的相关知识及相关专业书籍。

任务1 熟悉建筑图纸

任务说明

综合布线工程设计工作一般都是随着建筑设计工作之后进行的，其主要目的为了整个建筑的设计规划更加统一，减少各种冲突和矛盾，为以后的工程建设提供更多便利。如果在建筑施工中能够顺便将一些布线工程同时完成，也能够节省大量的工程施工费用，从而减少工期，产生良好的经济效益和社会效益。因此，综合布线的设计人员应该参与到整个建筑图纸的设计中，而且在工程开始之前就应对对整个建筑有比较充分的了解。

任务内容

一、了解房间功能和尺寸（见图 5-1）

（1）房间功能：根据文字说明，能够清楚地看出各房间的功能。一层中，101 是宿舍楼管理员的房间，102～130 是学生宿舍，132 是宿舍楼内的商店。二层的 201～230 是学生宿舍，232 是管理员房间，作为学生会干部的办公用房。三层至五层布局与二楼相同。除此之外，整座宿舍楼每层两端都有公用卫生间和盥洗室以及浴室。每一层各有一个配电间，位置在竖井旁边，处于东侧的楼梯附近。

（2）房间尺寸：根据尺寸标注，宿舍房间的长度为 6.16m，宽度为 3.36m，高度为 3m。

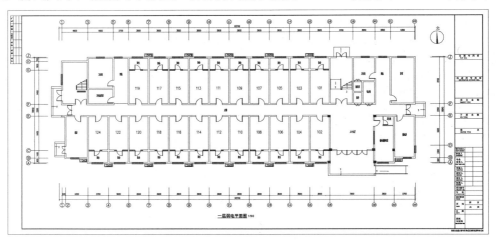

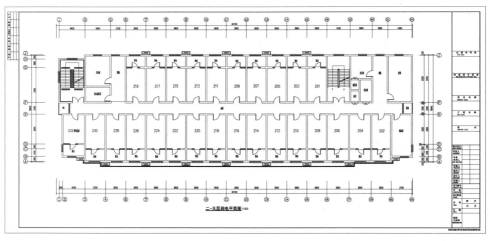

图 5-1　本项目原图（详见附录 A）

二、了解建筑结构和材料

根据图纸进行分析能够看出此建筑物有以下结构特点。

（1）建筑结构：这栋建筑物属于砖混结构，各墙体均为砌砖，交界处为混凝土浇筑立柱。一层入口处两侧有两个高强度的混凝土立柱，图纸上以黑色表示。

（2）建筑材料：根据建筑特点，建筑材料一般为砌砖和混凝土。由于是新建建筑，在建筑施工过程中可以预先埋下线管，这样节省了开槽的过程。不过仍然需要注意，一层中的高强度混凝土立柱依然需要避免。

（3）楼层高度：在工作区施工图中可以看到，房间的高度为 3m。根据宿舍楼的特性，一般没有吊顶，但是楼层高度足够进行布线的设计。

三、分析对综合布线有影响的各种因素

（1）长度和距离：从图 5-1 中可以看出，整座建筑物的长度约为 63m，楼层弱电间处于走廊的偏右位置，水平系统的长度不会超过 50m，即使加上房间内的距离、跳线的长度和管理间内的跳线和端接的部分，整条链路的长度也不会超过 80m，完全符合 GB 50311—2007 标准的要求。

（2）竖井的位置：从图 5-1 中可以看出，竖井位于走廊的偏右一端，紧邻电力间。为了方便，楼层中的配线设备可以布放于此电力间。

（3）水管的位置：根据设计图可以看出，宿舍中没有上下水管线，所以不会影响网络线缆的暗埋敷设；两端的少数房间如卫生间、盥洗室和浴室会有上下水，因为这些地方不需要网络和电话，所以也不会影响网络线缆的暗埋敷设；宿舍内会有暖气使用的热水管道，可能会对系统设计产生影响，必须予以考虑。

（4）强电的位置：强电线缆多数都布置在墙面的上半部分，因此本例中的线缆在进行敷设时就需要考虑与强电线缆的距离，或者部分线路采用屏蔽的方式布线。

（5）其他管线的位置：宿舍楼内没有中央空调系统，但是走廊中通常会安装消防管道，高度一般均较高，对本系统的布放没有影响。

 想一想

垂直子系统是不是一定需要安装在建筑物的竖井当中？

这个不一定。在整个建筑物的竖井中，安装了大量的管线，包括上下水系统、强电系统、电表系统、避雷线缆甚至暖通。综合布线系统的主干部分只占有其中的很小一部分。假如线缆对外界环境非常敏感，容易遭受竖井中复杂环境的干扰，也可以将垂直子系统布放在其他地方，例如楼梯拐角的位置。只是安放在竖井之外的时候，需要采用一定的保护措施，以免主干线路受到人员或其他原因的破坏。通常的方法是在楼板中穿孔，并使用管壁较厚的 PVC 线管对线缆进行保护。

任务 2　阅读招标书

 任务说明

在现代社会中，工程项目一般都要受到法律的严格监管，任何一个工程项目都需要通过招投标方式来选择施工方，综合布线工程也是一样。因此，作为一名合格的技术管理人员，能够透彻地了解招标书的内容非常重要。本任务的内容就是了解国家的法律规定，并能够分析招标文件。

任务内容

标书一般分为招标书和投标书,招标书是业主一方制作的,用来提出工程项目的具体要求。投标书是项目工程的施工承包一方来制作的,用来回应招标书中的具体要求。

一、查看招标书

招标书中由多个部分组成,本例中只选取部分内容,参见附录 A。

二、分析招标书中的重要响应条件

施工企业在拿到招标书之后,应该从中认真查看分析,挑选其中重要内容,结合自己的技术能力和管理能力,大致进行成本核算。之后提出报价,并有针对性的制作投标书。

根据本项目招标书的示例,制作投标书时需要查看的内容重点应该包括以下几条。

(1)项目价格及付款:本项目最高限价及付款期限。

(2)项目包含内容:布线系统和布线产品及设备。

(3)合理性和经济性:符合国家标准和行业标准。

(4)保修要求:保修期三年。

(5)线缆要求:铜缆使用六类线缆,光纤使用 50μm/125μm 多模光纤,使用原厂生产的跳线和跳纤。

(6)应用要求:满足数据、图像、音频、视频等多媒体应用。

(7)数量要求:数据信息点布 600~700 个,语音信息点 100~150 个等数量的跳线。

(8)设备要求:管理间和设备间使用 19 英寸标准机柜、柜式光纤配线架、ST 光纤接头。

(9)管理要求:使用颜色编码,易于追踪和查找跳线。

(10)材料要求:制造商的产品制造经验、认证体系和质量保证体系、产品质量指标。

(11)交货内容:包含各种设备材料的相关包装及资料。

(12)安装要求:验货方式。

(13)测试要求:验收交付的材料和试运行方式。

(14)培训要求:提供基本培训课程和培训资料。

(15)售后服务:两年的技术支持、定期维护、报修响应时间、备用设备方案、必要的设备更换方式。

三、制作投标书

投标书的制作需要严格按照国家的相关规定和招标文件的具体要求进行。综合布线投标书的制作需要针对招标文件一一对应,将招标文件中的所有指标和要求进行解释,提出投标内容。制作投标书的过程其实也就是整个系统进行设计的过程。限于篇幅原因,本项目中的投标书不再列出,具体设计方法参看本实训项目任务 3 的设计方案。

 想一想

投标书和招标书的内容就是这些吗?还有没有更复杂的技术要求?

在所有的工程项目中,都会产生各种复杂的利益冲突和寻租机会,这些现象会造成严重的工程项目质量问题，给国家和相关企事业单位带来巨大的经济损失。为了避免这些情况的发生，根据国家的法律规定，招投标项目的所有过程必须按照《招投标法》来严格实施。《招投标法》中对招标书和投标书的格式内容，以及各种评比方法做出了严格的规定，可以让语言描述更加明确，具体内容更加清楚。专业人员也可以更方便地对标书进行评价，不至于产生不必要的法律纠纷。因此，在本任务中的标书只是一个简单的例子，真正的标书要复杂得多，技术要求非常详细，评比过程也十分烦琐。

任务 3　制定设计方案

任务说明

大多数新建的建筑工程在设计时，是通过一家有各种资质的设计企业完成的。一般来说，设计部门会将所有项目内容都设计完成，其中包括土建、结构、强电、弱电、照明、通风、监控、上下水等各部分。但是，当施工企业拿到图纸之后，往往还会根据自己的经验和业主的需求变化重新制定一个设计方案，这个设计方案有可能会和原来的方案有很大差别，也可能导致重新绘制一份新的设计图。本任务的内容就是根据设计单位的原图纸，重新制定一个全新的设计方案，并作为后续任务的依据。其实这个过程也就是制作投标书中的系统设计过程。

任务内容

一、了解用户需求

在进行项目设计之前需和甲方进行充分的沟通，同时填写简单的协调会记录表。表格见实训项目 2 任务 2 示例（见表 4-2）。

二、确定信息点的位置和类型

根据相关的国家规范和设计原则，同时为了满足用户需求，根据设计经验，确定以下信息点设计方案。

1．确定信息点数量类型

（1）一层中除了 102 和 132，所有编号的房间均为学生宿舍，二层至五层中除了 232 之外也均为学生宿舍。所有宿舍房间均安排四人住宿，每人均有自己的书桌和衣柜，故而应该安排有 4 个数据信息点；另外再安排 1 个语音信息点。

（2）102 为宿舍楼的入口管理处，安装 1 个数据信息点和 1 个语音信息点。

（3）132 为宿舍楼唯一的商店，安装 1 个数据信息点和 1 个语音信息点。

（4）232、332、432、532 为宿舍楼每一楼层中的管理处，拟定为学生干部使用的办公室，每间房间安装 1 个数据信息点和 1 个语音信息点。

（5）为了房间编号的整齐，一层中没有 104、106 两个房间与二层以上的房间号对应。

信息点总数量为：语音信息点 128 个，数据信息点 622 个，为了满足用户需求，信息点采用六类数据点和三类语音点。

2．确定信息点位置

（1）宿舍内的数据信息点位置应该放置在书桌的桌面以下，根据书桌的位置，将信息点位置设置在东西两侧墙面，距离走廊墙体分别为 0.5m 和 5m。高度为 0.4m；语音信息点位置在门口处，高度为 1.2m。

（2）非宿舍房间的信息点位置：应该符合实际需求，102 在门口位置，132 以上房间采用和其他宿舍相同的位置。

3．确定信息点布线路由

（1）宿舍房间的信息点由暗埋 PVC 线管至走廊中的桥架，中间使用波纹管保证密封。具体可以通过查看施工图确定尺寸。

（2）线管和线缆应该绕开一层入口处中的高强度立柱。

（3）由于线缆需要从桥架引出，位置较高，离强电线缆比较近，容易受到电磁干扰，因此在顶部位置的线管需要采用金属管。

（4）由于采用暗埋的方式，相邻宿舍同一面墙体的信息点需经过同一条线管，分属两侧房间。

（5）因需要通过 5 条线缆，根据线管内的线缆使用最大量，应采用直径为 25mm 和 16mm 的线管。

三、确定水平子系统的设计方案

1．确定水平子系统的材料要求

（1）数据信息点应该使用六类线缆。

（2）语音信息点采用 4 芯语音线缆。

（3）每一楼层线缆数量大约有 100 条以上，应该使用 200mm×100mm 的金属桥架。

（4）桥架侧面至墙体之间的一段需要使用波纹管，便于引入线缆。

2．确定水平子系统线缆的位置走向

金属桥架架设在走廊上空，具体位置请参看施工图。

四、确定管理间的设计方案

1．确定管理间内设备的选择

（1）一层数据信息点数量为 90 个，使用 4 个六类 24 口网络配线架；语音信息点数量为 24 个，使用 1 个 25 口语音配线架。

（2）二层至五层中每一楼层的数据信息点数量为 101 个，使用 5 个六类 24 口网络配线架；语音信息点数量为 26 个，使用 2 个 25 口语音配线架。

（3）同时配备理线环。

（4）使用 19 英寸 42U 标准机柜。

2．确定管理间内设备的摆放位置

（1）机柜应该尽量靠近水平子系统的桥架和垂直子系统线缆，因此在电力间内的摆放位置应该靠近竖井和走廊，即电力间内西南角，同时符合国家标准中有关机柜间距的要求。

（2）配电箱靠近机柜。

五、确定垂直子系统的设计方案

1．垂直子系统的设计原则

根据 GB 50311—2007 的相关规定，垂直子系统应由设备间至电信间的干线电缆和光缆，安装在设备间的建筑物配线设备及设备缆线和跳线组成。

（1）垂直子系统所需要的电缆总对数和光纤总芯数应满足工程的实际需求，并留有适当的备份容量。主干缆线宜设置电缆与光缆，并互相作为备份路由。

（2）垂直子系统主干缆线应选择较短的安全的路由。常用的方式是采用点对点终接，电信间的每根干线电缆或光缆直接从设备间延伸到指定的楼层电信间。如果确有特殊情况，也可以采用分支递减终接的方式。

（3）如果在同一层中有多个电信间，其间宜设置干线路由。

（4）大对数主干电缆的对数应按每一个电话模块配置 1 对线，并在总需求线对的基础上至少预留 10%的备用线对。

（5）对于数据业务，每一个交换设备群或每 4 个网络设备宜考虑 1 个备份端口。主干端口为铜缆接口时，应按 4 对线容量配置，为光端口时则按 2 芯光纤容量配置。

（6）垂直子系统通道宜采用电缆竖井方式，也可采用电缆孔或管道的方式，电缆竖井的位置应上、下对齐。在新建工程中，推荐使用电缆竖井的方式。如果采用电缆孔方式，孔洞一般不小于 600mm×400mm（也可根据工程实际情况确定）。如果采用管道方式，通常用外径 63～102mm 的金属管预埋在楼板内，金属管高出地面 25～50mm。

（7）缆线应远离高温和电磁干扰的场地，或者采用屏蔽的方式进行处理。

（8）管线的弯曲半径应符合表 5-1 所示的要求。

表 5-1 管线敷设弯曲半径

缆 线 类 型	弯曲半径（mm）/倍
2 芯或 4 芯水平光缆	>25mm
其他芯数和主干光缆	不小于光缆外径的 10 倍
4 对非屏蔽电缆	不小于电缆外径的 4 倍
4 对屏蔽电缆	不小于电缆外径的 8 倍
大对数主干电缆	不小于电缆外径的 10 倍
室外光缆、电缆	不小于缆线外径的 10 倍

注：当缆线采用电缆桥架布放时，桥架内侧的弯曲半径不应小于 300mm。

（9）缆线布放在管与线槽内的管径和截面利用率，应根据不同类型的缆线做不同的选择。管内穿放大对数电缆或 4 芯以上光缆时，直线管路的管径利用率应为 50%～60%，弯管路的管径利用率应为 40%～50%。管内穿放 4 对双绞电缆或 4 芯光缆时，截面利用率应为 25%～30%；布放缆线在线槽内的截面利用率应为 30%～50%。六类电缆在布放时为减少对绞电缆之间串音的影响，不要求完全做到平直和均匀，甚至可以不绑扎，因此对布线系统管线的利用率要求更高。

为了保证水平电缆的传输性能及成束缆线在电缆线槽中或弯角处布放不会产生溢出的现象，故提出了线槽利用率的范围在 30%～50%。

（10）垂直子系统缆线与配电箱、变电室、电梯机房、空调机房之间的最小净距应符合表 5-2 所示的规定。

表 5-2 综合布线缆线与电气设备的最小净距

名　称	最小净距（m）	名　称	最小净距（m）
配电箱	1	电梯机房	2
变电室	2	空调机房	2

（11）垂直子系统的线缆应该符合相关的放火标准。

2．确定垂直子系统的配置要求和材料

（1）每个楼层需配备 4 根光纤，五个楼层总共 20 芯，需要 1 根 24 芯光缆。

（2）每个楼层语音信息点数量有 24～26 个，最多需要三类大对数线缆 104 芯，应该配备 3 根 25 对大对数线缆。五个楼层共需要 15 根。

3．确定垂直子系统线缆的位置走向

（1）所有线缆在竖井内布放于 400mm×200mm 金属线槽中，每隔 2m 使用线箍进行固定。

（2）进入楼层电力间时，需要在墙壁中穿孔并引入电力间。

六、确定设备间的设计方案

1．设备间子系统的设计原则

设备间是在每座建筑物的适当地点进行网络管理和信息交换的场地。对于综合布线系统工程设计，设备间主要安装建筑物配线设备。电话交换机、计算机主机设备及入口设施，也可与配线设备安装在一起。

（1）设备间位置应根据设备的数量、规模、网络构成等因素，综合考虑确定。

（2）每幢建筑物内应至少设置 1 个设备间，如果电话交换机与计算机网络设备分别安装在不同的场地或根据安全需要，也可设置 2 个或 2 个以上设备间，以满足不同业务的设备安装需要。当信息通信设施与配线设备分别设置时考虑到设备电缆有长度限制的要求，安装总配线架的设备间与安装电话交换机及计算机主机的设备间之间的距离不宜太远。

（3）设备间宜处于建筑物的中间位置，并考虑主干缆线的传输距离与数量。

（4）设备间宜尽可能靠近建筑物线缆竖井位置，有利于主干缆线的引入。

（5）设备间的位置宜便于设备接地。

（6）设备间应尽量远离高低压变配电、电机、X 射线、无线电发射等有干扰源存在的场地。

（7）设备间室温度应为 10～35℃，相对湿度应为 20%～80%，并应有良好的通风。

（8）设备间内应有足够的设备安装空间，其使用面积不应小于 10m²，该面积不包括程控用户交换机、计算机网络设备等设施所需的面积在内。

（9）设备间梁下净高不应小于 2.5m，采用外开双扇门，门宽不应小于 1.5m。

（10）设备间应防止有害气体（如氯、碳水化合物、硫化氢、氮氧化物、二氧化碳等）的侵入，并应有良好的防尘措施，尘埃含量限值宜符合表 5-3 的规定。

表 5-3 尘埃限值

尘埃颗粒的最大直径（μm）	0.5	1	3	5
灰尘颗粒的最大浓度（粒子数/m³）	$1.4×10^7$	$7×10^5$	$2.4×10^5$	$1.3×10^5$

注：灰尘粒子应是不导电的，非铁磁性和非腐蚀性的。

（11）设备安装宜符合规定，与管理间相同。

（12）在设备间内安装的配线设备干线一侧容量应与主干缆线的容量一致。设备一侧的容

量应与设备端口容量一致或与干线一侧配线设备容量相同。

（13）配线设备与电话交换机及网络交换设备的连接方式应符合规定。

（14）在电信间、设备间及进线间应设置等电位接地端子板。

（15）楼层安装的各个配线柜应采用合理的绝缘铜导线单独布线至就近的等电位接地装置，也可采用竖井内等电位接地连接到建筑物共用接地装置，铜导线的截面应符合表 5-4 的要求。

表 5-4　接地导线选择表

名　　称	楼层配线设备至大楼总接地体的距离	
	30m	100m
信息点的数量（个）	75	>75
选用绝缘铜导线的截面（mm²）	6～16	16～50

2．确定设备间的配置

（1）根据建筑物的特点和设计，设备间与一层的管理间公用，位于一层的弱电间。

（2）设备间需要连接建筑群子系统和垂直子系统，这两个子系统都是光纤传输，需要主干交换机和光纤配线架。每一楼层使用光纤 2 根，另有 2 根作为备用；建筑群一端一般配备 4 根光纤，接口共有 14 个，需要一台 16 口光纤配线架。

（3）垂直系统的大对数线缆数量共有 750 芯的 15 根，对应的建筑群系统数量相同。两者相连接时，需要 8 个 110 型跳线架。

（4）应当配备 19 英寸 42U 的标准机柜。

3．确定设备间内设备的摆放位置

此建筑物中没有空余的地方作为建筑物的设备间，因此设备间应该设置在一层的电力间，与本楼层的管理间合用。为节约面积和便于线缆接入临近的竖井，设备间机柜应该摆放在电力间西北角的位置，稳压电源和不间断电源等设备摆放于机柜旁边，同时符合国家标准中有关机柜间距的要求。

七、确定建筑群的设计方案

1．建筑群子系统的设计原则

建筑群子系统应由连接多个建筑物之间的主干电缆和光缆、建筑群配线设备及设备缆线和跳线组成。

（1）建筑群子系统宜安装在进线间或设备间，并可与入口设施或设备间合用场地。

（2）建筑群子系统配线设备内侧容量应与建筑物内连接设备间的配线设备的主干缆线容量一致，外侧的容量应该与建筑物外部引入的主干缆线容量相一致。

（3）建筑群之间的缆线宜采用地下管道或电缆沟敷设方式，并应符合相关规范的规定。

（4）建筑群之间的缆线应远离高温和电磁干扰的场地。

（5）缆线在雷电防护区交界处，屏蔽电缆的屏蔽层两端应做等电位连接并接地。

（6）当缆线从建筑物外面进入建筑物时，电缆和光缆的金属护套或金属件应在入口处就近与等电位接地端子板连接。

（7）当电缆从建筑物外面进入建筑物时，应选用适配的信号线路浪涌保护器，信号线路浪涌保护器应符合设计要求。

2．确定建筑群子系统的配置要求和材料

根据实训项目的特点，为了满足带宽的需要，至少应该配备 1 根 48 芯主干光缆。

3．确定建筑群子系统线缆的位置走向

采用一条光缆沿着园区内暗井进行布放，连接各个建筑物。

八、确定进线间的设计方案

1．进线间的设计原则

进线间是建筑物外部通信和信息管线的入口部位，并可作为入口设施和建筑群配线设备的安装场地。

（1）进线间一个建筑物宜设置 1 个，一般位于地下层，外线宜从两个不同的路由引入进线间，有利于与外部管道沟通。具体所需面积可根据建筑物实际情况进行设计。

（2）铜缆、光缆及天线馈线等室外缆线进入建筑物时，应在进线间转换成室内缆线。在缆线的终端处，可由电信业务经营者设置入口设施，入口设施中的配线设备应按引入的电、光缆容量配置。

（3）电信业务经营者应该在进线间设置安装入口配线设备，数量应与设备间和建筑群子系统的一致，类型应该匹配。如果有接入多家电信缆线的需求，应留有 2～4 孔的余量。

（4）进线间应设置管道入口。

（5）进线间应满足缆线的敷设路由、成端位置及数量、光缆的盘长空间和缆线的弯曲半径、维护设备、配线设备安装所需要的场地空间和面积。

（6）进线间的大小应按进线间的进局管道最终容量及入口设施的最终容量设计。同时应考虑满足多家电信业务经营者安装入口设施等设备的面积。

（7）进线间应防止渗水，宜设有抽排水装置。

（8）进线间应与布线系统垂直竖井沟通。

（9）进线间应采用相应防火级别的防火门，门向外开，宽度不小于 1000mm。

（10）进线间应设置防有害气体措施和通风装置，排风量按每小时不小于 5 次的容积计算。

（11）与进线间无关的管道不宜从中通过。

（12）进线间入口管道口所有布放缆线和空闲的管孔应采取防火材料封堵，做好防水处理。

（13）进线间如安装配线设备和信息通信设施时，应符合设备安装设计的要求。

2．确定进线间的设计

本建筑物中，进线间可以与建筑物设备间合用，所以不再单独设置。

 想一想

新建建筑的设计方案如果不合理，在进行重新设计的时候是不是应该将原有设计思路完全推翻重新进行？

这个问题是经常出现的，新建建筑的设计方通常有着比较丰富的结构设计经验，但是对于其他专业领域并不见得十分精通。因为现在的建筑通常都比较复杂，包含了多种需求，需要用到各种管线，如果有哪一部分设计者是不擅长的，就有可能造成后续工作的麻烦，所以较大工程项目的设计工作通常都是由多家专业公司共同完成。

如果布线工程的设计人员认为原先的设计方案确实不合理，可以将原方案废弃，重新设计方案，但是需要和业主一方进行充分的沟通，保证新的设计方案能够更好地满足用户的需求，并且有利于施工的进展和成本的降低。

任务 4　绘制系统拓扑图

任务说明

综合布线工程是一个系统工程，通常情况下和网络工程相结合，它的系统结构通常也和网络的拓扑结构相对应。因此，在进行详细的布线施工设计之前需要对整个系统的拓扑结构做一个规划，这就是网络综合布线的系统拓扑图。在系统拓扑图中，可以清楚地看到整个网络结构的类型，表明了各个信息点与配线设备之间以及各个配线设备之间的连接关系。方便设计人员更好地了解系统结构，为各子系统的设计工作提供基本框架。本任务就是根据建筑结构图和业主需求进行系统拓扑图的绘制，其中需要标明各种线缆的类型和数量、信息点的类型和数量、各种设备和材料的必要说明等。

任务内容

一、绘制建筑物楼层的简单示意图

（1）设定建筑物高度绘制矩形：整个建筑物高度为 15m，长度适当。

（2）绘制楼层天花板分隔线：每个楼层高度为 3m。

（3）添加楼层标志：在楼层右侧添加文字说明，如 1F 表示一层，2F 表示二层。

二、绘制楼层管理间设备简单示意图

（1）绘制分隔线表示楼层管理间。

（2）在楼层管理间中绘制方框，表示机柜，并进行文字标注。

（3）通过在机柜中绘制两个方框表示语音和数据这两种配线架，并进行文字标注。

（4）将图形复制到每一个楼层。

三、绘制建筑物设备间简单示意图

（1）绘制分隔线表示建筑物设备间。

（2）在设备间中绘制方框，表示机柜，并进行文字标注。

（3）通过在机柜中绘制两个方框表示语音和数据这两种配线设备，并进行文字标注。

四、绘制建筑群子系统简单示意图

（1）在建筑物之外绘制适当大小的方框，用来代表整个园区的建筑群子系统。

（2）在方框内绘制两个图形，代表两种经过建筑群子系统的线缆和配线端接线设备。

（3）进行文字标注。

五、绘制建筑群进线示意图

（1）在表示建筑群子系统的方框之外，再绘制一个适当大小的方框，用来代表整个园区的进线间子系统。

（2）在方框内绘制三个图形，代表三种需要连接建筑群子系统的提供商的线缆设备。

（3）进行文字标注。

六、绘制工作区信息点简单示意图

（1）在表示楼层管理间的另一侧，绘制图形如用来表示网络信息点和语音信息点。

（2）将图形复制到每个楼层

（3）使用文字进行数量标注和类型标注。

七、绘制连接线缆

多种线缆可以使用一条线来进行表示，此时应该在这条线上用文字进行两种线缆的说明，如果使用多条线各自表示，那么每条线上的说明应该对应明确。

八、图例和说明

（1）在图中较大的空白区域进行图例的说明、制作表格、绘制图形和图形含义的说明文字。

（2）施工中需要注意的问题写在空白区域中进行说明。说明的内容如图 5-2 所示。

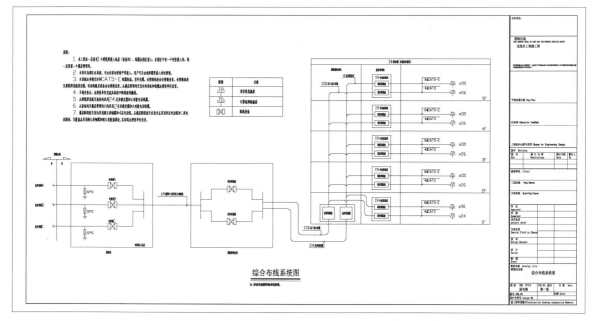

图 5-2　实训项目 3 系统拓扑架构图（详见附录 A）

 **想一想**

系统拓扑图的绘制方法是不是有固定模式？

系统拓扑图的目的是表述整个布线系统的简明结构，主要内容就是网络的信息点数量和类型、线缆数量和类型，以及各个子系统的连接结构。只要能够将这些表示清楚，采用什么模式并不重要。因此，不同的公司会有不同的习惯，图形的外观差别也很大。作为一名设计工作人员，需要很快熟悉本公司的常用绘制模式，一方面能够提高工作效率，另一方面也便于公司内部人员识别。

任务 5　绘制工作区施工图

任务说明

在一个新建工程的综合布线设计中，各个子系统的施工图是分开进行的。工作区子系统是整个布线系统重要的组成部分，工作区的数量较多，类型丰富，所以在各个工作区的施工方法和信息点位置需要清楚的进行标注，工作区施工图的作用就在于此。本任务的内容就是根据本项目的建筑结构，确定工作区的划分，并且在工作区中确定信息点的位置及线缆的走向位置，做好施工图的设计绘制。以便工程施工人员能够参照设计图纸施工，统一规范，为以后的维护工作提供良好的保障。

任务内容

一、绘制工作区墙面结构

（1）绘制矩形，长度为房间长度，宽度为房间高度。

（2）绘制墙体，厚度为 240mm，墙体的延长线中应该包括走廊的一部分。

（3）使用文字标明房间类型，包含宿舍、阳台和走廊。

二、绘制信息底盒和桥架简单示意图

（1）绘制矩形，尺寸为 200mm×200mm，中间加入 40mm×70mm 的矩形，用来表示信息面板（信息面板的实际尺寸为 86mm×86mm，但是为了不让它显示得过小，图中改为较大的尺寸）。然后根据设计思路，将面板移动到合理位置。

（2）绘制矩形，尺寸为 200mm×100mm，和设计使用的桥架截面相同，移动到合理位置，用来表示桥架的横截面。

（3）使用文字标注说明材料类型。

三、绘制线缆、线管位置

（1）从桥架一侧至宿舍房间墙体，使用虚线绘制一段曲线，宽度为 25mm，用来表示桥架和墙体之间的波纹管。

（2）从线缆进入墙体处至信息底盒，绘制 25mm 宽的实线，中间弯曲处的半径为 200mm，表示设计中的金属线管和 PVC 线管。

（3）使用文字标注三种线管的材料和规格。

四、图示和说明

具体如图 5-3 所示。

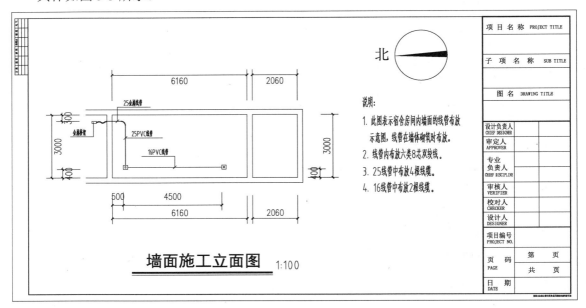

图 5-3　实训项目 3 工作区施工图（详见附录 A）

 想一想

一个项目工程中，工作区的数量很多，是不是需要将各种类型的工作区都用施工图表示出来？

在实际工程中，工作区的数量很多，但是也有很多类型相似、施工方法和信息点的位置也都基本一致的情况。在进行设计的时候，只需要选择一两个有代表性的工作区绘制施工图，其他的可以通过文字说明表示。在本例中也是如此。

任务 6　制作点数统计表

 任务说明

由于大多数人对图纸的理解能力远不如对现场的理解，所以新建工程的使用需求通常比较模糊，业主一方也很难非常准确地提出对信息点的具体要求。因此，设计人员在设计中就要尽量根据实际工作中的经验满足业主的需要，并且要有前瞻性的设计，这里信息点的数量就非常关键，必须要尽量满足未来一段时间的业务需求。本任务中就是需要根据设计需求对信息点数量进行详细统计，并在以后的任务中作为材料统计和预算的重要依据。

任务内容

一、制作表格结构

本实训项目建筑结构为多层多房间，工作区数量较大，需要进行楼层的划分，信息点类型只有两种，表格的结构可以根据房间的编号进行划分。

（1）每一行统计一个楼层，根据房间的编号排列。横向只有不带楼层号的房间号，纵向只有不带房间号的楼层号；空余编号不再列入，例如 21、23 等；楼层顺序按照视觉顺序进行，一层在最下方。

（2）每一楼层中包含两个信息点类型，每个占据一行。本任务中包括数据点（网络信息点）和语音点（电话信息点）。

（3）最后一列为本楼层的数量合计，使用 SUM 函数进行

（4）最后两行是各种信息点的总计，同样使用 SUM 函数进行。

（5）表格最后是设计单位的信息，包括制作人、审核人和日期。

二、填写表格数据

（1）根据前述设计思路，在每个房间编号填写数据点和语音点数量（设计思路具体见本实训项目任务 2）（见表 5-5）。

（2）使用 SUM 函数进行各种信息点数量的合计，填写相关信息。

表 5-5　宿舍楼信息点数统计表

| 宿舍楼房间的信息点数统计表 | | | | | | | | | | | | | | | | | | | | | | | | | | | |
楼层房间编号		01	02	03	04	05	06	07	08	09	10	11	12	13	14	15	16	17	18	19	20	22	24	26	28	30	32	合计
5x	数据点	4	4	4	4	4	4	4	4	4	4	4	4	4	4	4	4	4	4	4	4	4	4	4	4	4	1	101
	语音点	1	1	1	1	1	1	1	1	1	1	1	1	1	1	1	1	1	1	1	1	1	1	1	1	1	1	26
4x	数据点	4	4	4	4	4	4	4	4	4	4	4	4	4	4	4	4	4	4	4	4	4	4	4	4	4	1	101
	语音点	1	1	1	1	1	1	1	1	1	1	1	1	1	1	1	1	1	1	1	1	1	1	1	1	1	1	26
3x	数据点	4	4	4	4	4	4	4	4	4	4	4	4	4	4	4	4	4	4	4	4	4	4	4	4	4	1	101
	语音点	1	1	1	1	1	1	1	1	1	1	1	1	1	1	1	1	1	1	1	1	1	1	1	1	1	1	26
2x	数据点	4	4	4	4	4	4	4	4	4	4	4	4	4	4	4	4	4	4	4	4	4	4	4	4	4	1	101
	语音点	1	1	1	1	1	1	1	1	1	1	1	1	1	1	1	1	1	1	1	1	1	1	1	1	1	1	26
1x	数据点	4	1	4		4		4	4	4	4	4	4	4	4	4	4	4	4	4	4	4	4	4	4	4	1	90
	语音点	1	1	1		1		1	1	1	1	1	1	1	1	1	1	1	1	1	1	1	1	1	1	1	1	24
合计	数据点	20	17	20	16	20	16	20	20	20	20	20	20	20	20	20	20	20	20	20	20	20	20	20	20	20	5	494
	语音点	5	5	5	4	5	4	5	5	5	5	5	5	5	5	5	5	5	5	5	5	5	5	5	5	5	5	128
总计																												622

想一想

制作点数统计表的时候是不是需要这么复杂，将每一个工作区的点数都进行详细地统计？这个倒也不见得。如果工程项目非常大，工作区数量庞大，点数统计表也会非常复杂烦琐，

反而给工程技术人员和施工人员带来更多的不便。不如将同一楼层相近的区域并在一起进行统计，缩减表格的内容。施工人员可以查看施工图中的信息点标注，结合统计表进行识别，反而可以提高工作效率，降低出现错误的概率。

各设计施工企业都有不同的设计习惯和绘图制表模板，只要大家采用统一的标准，同时符合国家的相关规定，都是可以的。

任务 7　制作水平施工图

任务说明

新建建筑物的水平子系统都需要在设计中统一进行，施工方法和设备需要与建筑结构相适应，因此施工图的数量较多，每一个子系统都需要单独绘制。水平子系统的施工图应该包括建筑结构，桥架和管理间的配置，并且要在图纸中进行各种重要信息的标注，方便施工人员的查看。本任务就是根据宿舍楼的特点，进行施工图设计，图纸类型采用俯视图方式。

任务内容

一、绘制信息点的位置并注明类型

（1）根据前述设计思路，在施工图中绘制信息点的位置。

（2）注明信息点类型，数据信息点用 TD 表示，语音信息点用 TP 表示。后续的端口对应表也需要采用相同的表示法。

二、绘制桥架

（1）根据设计思路，确定桥架的位置，同时避免与消防管道冲突。桥架的长度为 60000mm，宽度为 200mm。

（2）在桥架中添加斜条纹图案，填充比例为 1：1000。

（3）绘制由走廊至楼层管理间机柜之间的桥架，并添加斜条纹图案，同前面（1）（2）的方法。

（4）标注尺寸。

三、绘制各个信息点的布线路由

（1）确定墙面信息点的布线路由：由于线管布放是随着建筑结构一同施工，线管都会被置于墙体的中间，为清楚表示线缆经由的位置，将暗埋线管绘制于墙体中间。只有在一楼大门入口处两侧的高强度立柱需要避免，可以直接斜向穿过薄弱的墙体，接入桥架。

（2）绘制线管：从桥架引出的线管宽度为 25mm，进入语音信息点的线管宽度为 16mm。

一楼大门入口处两侧的高强度主柱设有进行线管预埋，所以在进行线管布放时常绕过主柱，斜面穿过薄弱墙体按入桥架。

四、绘制图示说明和图签（见图 5-4）

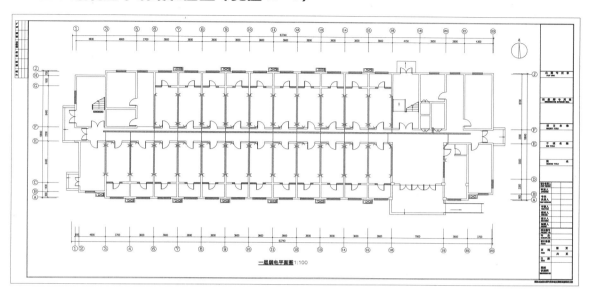

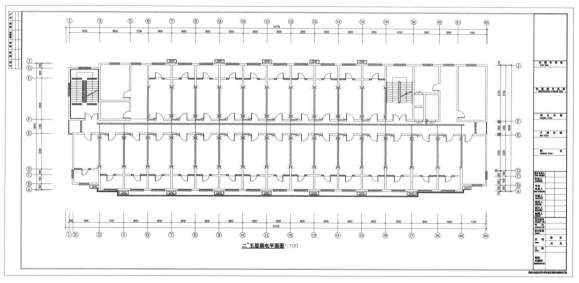

图 5-4　实训项目 3 施工图（详见附录 A）

五、绘制局部大图（见图 5-5）

因整体图内容过多，比例较小，难以读清楚图中所示重要内容，必要时需要绘制一个局部的大图。只需要从整体图中选取一部分，再进行详尽的尺寸标注和图示说明。

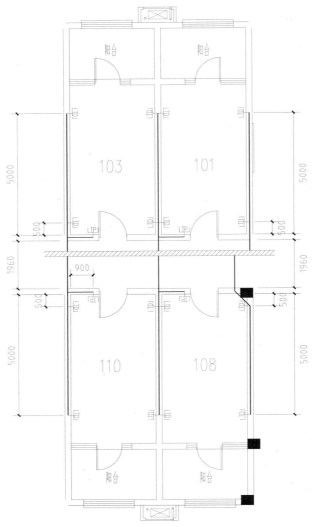

图 5-5　实训项目 3 施工图局部详图

 想一想

如果是一个特别大的工程项目，是不是就像本实训项目一样，需要多张施工图？

是的。有些项目建筑庞大，结构复杂，层次错落，就比如现代化的体育场馆、火车站、航站楼，这些建筑如果仅使用少数几张施工图根本无法表示所有重要的信息。这时就需要更多的图纸，有些图纸表示整体施工方案，有些图纸表示局部的施工方案，有些图纸可能还需要使用透视的方法来表示一些无法看到的局部。在本例中只显示了不同楼层的施工图，相对那些复杂的建筑结构，这些施工图还是比较简单的。

任务 8　制作端口对应表

任务说明

在新建建筑物中进行综合布线规划，和旧建筑物的简单结构有着很大的差别。端口对应表也会相应复杂得多，因为比前两个任务增加了楼层的概念，还需要进行管理间和设备间之间各个配线设备的对应，有些地方可能还要需要电子配线架。本任务就是要通过建筑物的施工图确定各信息点的端口对应关系和管理间及设备间的端口对应关系，为工作区子系统、管理间子系统、设备间子系统的准确施工提供参考依据。

任务内容

一、制作表格结构

在本项目中，有楼层和房间两个方面的划分，信息点数量较多。

（1）每一行进行一个信息点的统计。

（2）第一列为序号，共有 622 个信息点。

（3）第二列为信息点的完整编号，由后续几列的内容组合而成。

（4）第三列为楼层编号。

（5）第四列为本楼层内的房间编号。

（6）第五列是房间内的底盒编号，是指在本房间内对所有底盒的编号顺序，用一位数表示。在本任务中，采用的底盒编号顺序原则为：走廊北侧的房间以顺时针方向，从门口的语音信息点开始，分别为 1～5；走廊南侧的房间以逆时针方向，从门口的语音信息点开始，分别是 1～5。

（7）第六列为信息点类型，数据信息点、语音信息点分别使用"D""P"表示。

（8）第七列为管理间编号，一层管理间为"FD1"，二层管理间为"FD2"，以此类推。

（9）第八列为配线架编号，用来区别机柜中的各个配线架。在本实训项目中，根据一层数据点的数量需要使用 4 个 24 口网络配线架，分别用 D1～D4 表示；二层至五层都需要使用 5 个网络配线架，分别用 D1～D5 表示。另外，根据一层语音点的数量需要使用 1 个 25 口语音配线架，用 P1 表示；二层至五层都需要使用 2 个语音配线架，分别用 P1、P2 表示。

（10）第九列为配线架端口号，是指在一个配线架中的端口位置，用两位数表示。

二、填写表格数据

1．根据设计思路和点数统计表进行数据填写

（1）根据信息点总数，列出 622 个序号。

（2）根据点数统计表中填写房间号，如 315 房间有 5 个信息点，就需要在 5 行中都填写"315"。

（3）填写信息底盒编号：根据前述的排列顺序在此房间的几个行中填写底盒编号，例如315 房间依次填写"1～5"。

（4）填写信息点类型：根据当前底盒的位置，确定底盒内信息点的类型，数据信息点填写"D"，语音信息点填写"P"。

（5）填写管理间编号：一层的信息点填写"FD1"，二层的信息点填写"FD2"，依次类推。

（6）填写配线架编号：在一层中所有信息类型为"D"的行中，第 1～24 个填写"D1"，第 25～48 个填写"D2"，后面的信息点依次类推，直至所有楼层中的所有数据信息点都填写完成；同理，在一层中所有信息类型为"P"的行中，第 1～25 个填写"P1"，第 26～50 个填写"P2"，后面的信息点依次类推，直至所有楼层中的所有语音信息点都填写完成。

（7）填写配线架端口号：选择所有配线架编号为"D1"的行，在配线架端口号一列填写"1～24"，"D2""D3"等也依次填写；选择所有配线架编号为"P1"的行，在配线架端口号一列填写"1～25"，"P2"等也依次填写。

2．完善表格

（1）填写信息点编号：将房间编号、底盒编号、信息点编号、信息点类型、配线架编号、配线架端口号等信息使用"-"连接并填写在第二列信息点完整编号中。

（2）填写制表和审核者的相关信息，并填写制表日期。

完成后如表 5-6 所示（本示例中只给出一层的部分，其余不再列出）。

表 5-6　实训项目 3 宿舍楼一层端口对应表

序号	信息点完整编号	楼层编号	房间编号	底盒编号	信息点编号	信息点类型	机柜编号	配线架编号	配线架端口号
				实训项目 3 端口对应表（一层）					
1	1-01-1-1-P-FD1-P1-01	1	01	1	1	P	FD1	P1	01
2	1-01-2-1-D-FD1-D1-01	1	01	2	1	D	FD1	D1	01
3	1-01-3-1-D-FD1-D1-02	1	01	3	1	D	FD1	D1	02
4	1-01-4-1-D-FD1-D1-03	1	01	4	1	D	FD1	D1	03
5	1-01-5-1-D-FD1-D1-04	1	01	5	1	D	FD1	D1	04
6	1-02-1-1-P-FD1-P1-02	1	02	1	1	P	FD1	P1	02
7 …	1-02-1-2-D-FD1-D1-05	1	02	1	2	D	FD1	D1	05
16	1-05-4-1-D-FD1-D1-12	1	05	4	1	D	FD1	D1	12
17	1-05-5-1-D-FD1-D1-13	1	05	5	1	D	FD1	D1	13
18 …	1-07-1-1-P-FD1-P1-05	1	07	1	1	P	FD1	P1	05
28	1-09-1-1-P-FD1-P1-07	1	09	1	1	P	FD1	P1	07
29 …	1-09-2-1-D-FD1-D1-22	1	09	2	1	D	FD1	D1	22
38	1-11-1-1-P-FD1-P1-09	1	11	1	1	P	FD1	P1	09
39	1-11-2-1-D-FD1-D2-06	1	11	2	1	D	FD1	D2	06
40 …	1-11-3-1-D-FD1-D2-07	1	11	3	1	D	FD1	D2	07
54	1-14-2-1-D-FD1-D2-18	1	14	2	1	D	FD1	D2	18
55	1-14-3-1-D-FD1-D2-19	1	14	3	1	D	FD1	D2	19
56	1-14-4-1-D-FD1-D2-20	1	14	4	1	D	FD1	D2	20

续表

序号	信息点完整编号	楼层编号	房间编号	底盒编号	信息点编号	信息点类型	机柜编号	配线架编号	配线架端口号
57	1-14-5-1-D-FD1-D2-21	1	14	5	1	D	FD1	D2	21
58	1-15-1-1-P-FD1-P1-13	1	15	1	1	P	FD1	P1	13
59 ...	1-15-2-1-D-FD1-D2-22	1	15	2	1	D	FD1	D2	22
73	1-18-1-1-P-FD1-P1-16	1	18	1	1	P	FD1	P1	16
74	1-18-2-1-D-FD1-D3-10	1	18	2	1	D	FD1	D3	10
75	1-18-3-1-D-FD1-D3-11	1	18	3	1	D	FD1	D3	11
76 ...	1-18-4-1-D-FD1-D3-12	1	18	4	1	D	FD1	D3	12
87	1-20-5-1-D-FD1-D3-21	1	20	5	1	D	FD1	D3	21
88	1-22-1-1-P-FD1-P1-19	1	22	1	1	P	FD1	P1	19
89	1-22-2-1-D-FD1-D3-22	1	22	2	1	D	FD1	D3	22
90 ...	1-22-3-1-D-FD1-D3-23	1	22	3	1	D	FD1	D3	23
101	1-26-4-1-D-FD1-D4-08	1	26	4	1	D	FD1	D4	08
102 ...	1-26-5-1-D-FD1-D4-09	1	26	5	1	D	FD1	D4	09
108	1-30-1-1-P-FD1-P1-23	1	30	1	1	P	FD1	P1	23
109	1-30-2-1-D-FD1-D4-14	1	30	2	1	D	FD1	D4	14
110	1-30-3-1-D-FD1-D4-15	1	30	3	1	D	FD1	D4	15
111	1-30-4-1-D-FD1-D4-16	1	30	4	1	D	FD1	D4	16
112	1-30-5-1-D-FD1-D4-17	1	30	5	1	D	FD1	D4	17
113	1-32-1-1-P-FD1-P1-24	1	32	1	1	P	FD1	P1	24
114	1-32-2-1-D-FD1-D4-18	1	32	2	1	D	FD1	D4	18

制表人：闫战伟

审核人：李　静

制表日期：2017 年 8 月 16 日

 想一想

　　端口对应表的数量庞大，表格内容也很多，是不是可以类似点数统计表进行适量的缩减？

　　这是不行的。端口对应表的作用不仅仅是施工的时候使用，更重要的应用是作为资料进行保存。每一个信息点的对应关系都必须明确才能在以后进行维护和升级时给工作人员提供方便。如果表格进行了缩减和省略，而维护人员通常又不是当初的工程设计人员，在查找问题的时候还需要研究表格的规律性，这会极大地降低工作效率，增加错误概率。而一个完善的表格能够帮助维护人员马上找到信息点的指向，这对降低运营成本非常有重要的意义。因此，在制作端口对应表的时候，不仅不能进行缩减表格，还要进行详细且清楚的文字说明，保证给未来的工作提供便利。

任务 9 绘制管理间及设备间施工图

任务说明

在一个比较简单的布线系统中，管理间通常可以放置在走廊的悬挂机柜，管理间和设备间也可以放置在一起。但是在一个比较复杂的系统中，就不太可能仅仅使用如此简单的方式，而应该使用单独的房间来放置较多的设备。本任务中，需要根据建筑物的特点，进行合理的设计，绘制管理间和设备间中所有相关设备的位置、大小、类型和线缆引入的位置、数量、类型等。

任务内容

一、绘制机柜等设备位置

（1）绘制图形 ⊠ 表示 42U 标准机柜，注意机柜门的方向。将图形添加在管理间的西南角，注意机柜背部远离墙体 600mm，侧面距离墙体 200mm。

（2）绘制一个简单的矩形表示机柜配套使用的稳压电源。将图形放置在机柜一侧 300mm 处。

二、绘制引入、引出线缆桥架的位置

（1）采用走廊中桥架的绘制方法，绘制管理间机柜至走廊桥架的一段连接桥架。

（2）在刚才绘制的桥架中填充图案。

三、文字说明（见图 5-6）

（1）使用 200mm×100mm 金属桥架，采用悬挂方式安装。

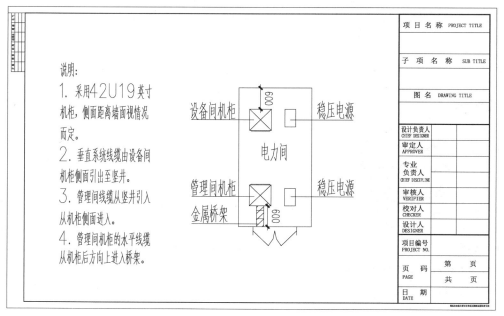

图 5-6 管理间及设备间施工图

（2）桥架由上至下进入机柜背部，采用正向理线方式。

（3）桥架的安装过程可以根据具体的实际情况进行。

 想一想

管理间和设备间的施工图是不是与垂直子系统一样，要求位置不是很严格？

这两者的确有相似之处。在管理间和设备间中，由于空间相对宽裕，机柜和设备的摆放位置可以随意一些，但是也不能超出规定的相关要求。比如，在机柜的附近肯定有一些强电线缆和 UPS 电源等强电设备，在摆放相关布线的设备时，就需要考虑这些问题。因此，作为设计人员，在绘制管理间和设备间施工图时，需要通过文字说明来进行要求，施工人员可以根据设计者的要求自行适当调整。

任务 10　绘制垂直施工图

 任务说明

在综合布线系统中，垂直子系统是一座建筑物中重要的组成部分，代表了这座建筑物主干线路的网络效率。垂直系统的布放位置通常都位于建筑物的竖井或者楼梯位置，但图纸的表示形式和水平系统施工图就会有很大差别，通常采用正视图方式。本任务就是根据实训项目中的建筑物进行设计，并绘制子系统中需要的所有线缆的相关信息，包括布放位置、数量、类型等。

 任务内容

一、绘制竖井布置立面图

（1）绘制墙体：绘制矩形表示墙体，填充形式为 arc，此形式填充效果类似混凝土。两个竖直墙体的间距和结构图中竖井宽度一致，为 1960mm；绘制矩形表示楼层板，方法和填充与墙体相同，两个楼层板的间距为 3000mm。

（2）绘制竖井内管道：绘制一个长度比较大的矩形，超过一个楼层的高度，宽度为400mm，表示使用的是 400×200mm 金属线槽，填充一种图形以区别于混凝土填充。

（3）绘制固定装置：绘制特定图形作为金属线槽的固定装置，装置间距为 2000mm，需符合国家标准要求。

（4）文字标注：注明各种设备和装置的名称用途，具体见图 5-7。

二、绘制竖井布置侧视图

（1）绘制墙：方法同立面图，注意竖井墙体间距为 1460mm。

（2）绘制竖井内管道：方法同立面图，注意金属线槽的宽度为 200mm。

（3）绘制固定装置：绘制固定装置的侧视图，装置间距为 2000mm。

（4）文字标注：注明设备装置的名称用途，具体见图 5-7。

三、文字说明

用来说明施工方法和施工要求，具体内容参见图 5-7。

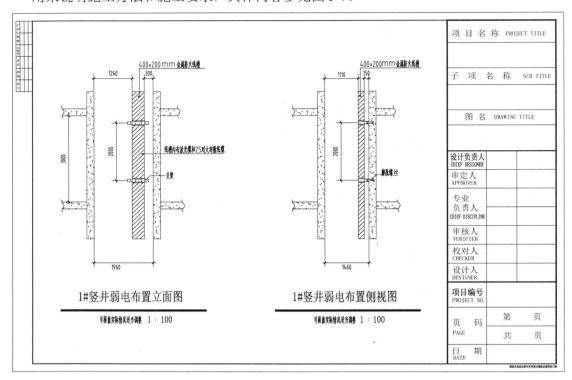

图 5-7　实训项目 3 垂直施工图（详见附录 A）

 想一想

垂直子系统施工图中的尺寸标注通常是不是都不明显？施工人员是否可以根据实际情况自行调整线缆的位置？

是的。大多数垂直子系统都安装在竖井或者楼梯的位置，位置相对灵活，施工人员可以选择便于施工的位置进行线缆的安装固定。但是在一些特殊情况下，需要设计人员进行尺寸或者文字的说明。例如，竖井中如果有强电线路和暖气管道，需要保证一定距离的隔离。这时，施工人员就需要按照施工图的详细要求进行规定位置的布放，才能符合国家的相关标准。

任务 11　绘制建筑群子系统施工示意图

 任务说明

在一个建筑园区中，多座建筑物之间需要高速的干线线缆进行连接，这个多建筑物的连接体系就被称为建筑群子系统。建筑群子系统通常布放在园区的地下或者架空敷设，采用主干光缆和大对数线缆。在本任务中，需要根据园区的布局特点进行线缆的布放位置设计，同时注明线缆类型、长度等重要内容的标注。

任务内容

如果按照一个理想的模式，建筑群子系统中的线缆会非常复杂。需要从入口处分出多条线缆至各座建筑物，光缆数量会比较多。但是在一个园区的实际工程中，由于使用了多纤芯的光缆，只需要使用一条光缆进行串联，将其中分出的纤芯接入建筑物的设备间，其余纤芯进行熔接，接入下一座建筑物，就可以形成一个合理的星型网络。

一、绘制建筑群子系统光缆布线平面图

（1）绘制光缆位置：根据园区中的暗井位置添加线缆，进入建筑物的设备间；绘制由此建筑物进入下一建筑物的线缆。

（2）添加标注：由于每个建筑物之间都是使用 48 芯光缆布放，所以需要在每一条线缆上进行明确的标注。

二、绘制光缆网络结构图

（1）绘制园区建筑位置：根据园区中的各个建筑的位置，使用矩形进行简单表示。

（2）添加线缆结构：绘制多条线缆由外部进入每一座建筑物。

（3）添加标注：在每一条线缆上进行明确的标注，标明进入建筑物的纤芯标号。

三、施工说明（见图 5-8）

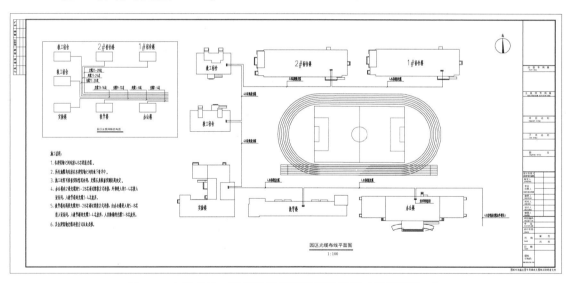

图 5-8　实训项目 3 建筑群子系统施工示意图（详见附录 A）

想一想

如果园区内某一座建筑物需要连接到园区外的网络，那么该怎么进行布线工程的设计呢？

一个园区中有一座建筑物需要直接和外界相连，并且不通过园区的总出口，也是一种很常见的现象。比如，一家单位的某一座办公楼闲置不用的时候可以进行对外租赁，这种情况下可以给建筑物单独留下一个出口，并且和本园区的网络隔离开。如果两个网络都要同时使用，就

需要在网络管理中采取一些安全措施，并且需要使用防火墙。不过，有关网络安全的问题就不是综合布线需要考虑的内容了。

任务 12　制作工程施工进度表

任务说明

在一个多层建筑的综合布线工程中，多个子系统有可能会同时进行，施工进度也就有可能发生更多的变化；另外，因为建筑物的复杂性，各种临时出现的情况会更多，会对进度产生严重的影响；如果项目比较大，施工人员也就更多，进度把握就更难处理。本任务需要根据项目提供的建筑设计图进行施工进度的合理安排，其中包括各个子系统的时间安排和人员安排。如果在建筑施工过程中需要进行布线施工安排，则需要另外单独进行注明。

任务内容

一、确定施工的分项时间

（1）工作区：根据本实训项目的特点，不需要单独进行工作区的线管布放。墙体上的信息点开孔数量为 621 个，预计应该使用 65 个工作日。需要 1 名初级施工人员及 1 名技术工人和 32 天的工期。

（2）底盒线缆端接：共需要端接 622 个信息点，共需 15 个工作日。需要两名初级施工人员和 8 天工期。

（3）桥架安装：每个楼层的桥架长度接近走廊长度，约 60m，需要安装 30 对吊装钩。五个楼层共需要大约 30 个工作日。需要 1 名初级施工人员及 1 名技术工人和 15 天的工期。

（4）水平布线：共需完成 622 根线缆的布放和 152 根波纹管的安装，包括所有线缆的截取整理，大约共需 75 个工作日。需要 1 名初级施工人员及 1 名技术工人和 25 天的工期。

（5）机柜理线：机柜的线缆整理和配线架的端接大约需要 15 个工作日。需要 2 名技术工人和 8 天的工期。

（6）垂直子系统安装：光缆及大对数线缆的安装布放大约需要 4 个工作日，光纤端接和大对数线缆端接的端接大约需要 2 个工作日，共计 6 个工作日。需要 1 名初级施工人员及 1 名技术工人和 3 天的工期。

（7）设备间安装：机柜整理和安装需要 2 个工作日，线缆端接需要 2 个工作日，共计 4 个工作日。需要 1 名初级施工人员及 1 名技术工人和 2 天的工期。

（8）建筑群子系统沟槽的开挖：共需 4 个工作日。需要 1 名初级施工人员及 1 名技术工人和 2 天的工期。

（9）建筑群子系统的安装：线缆布放和端接共需 2 个工作日。需要 1 名初级施工人员及 1 名技术工人和 1 天的工期。

根据施工的特点和工程量，人员的数量和工人能力的配备应该设置合理，既能提高工作效率又可以充分利用人员的工作能力。

二、绘制施工进度表

1．绘制表格结构

表格结构包括表头、工作日、工作项目、人员安排等几项内容。表格中间部分的人员安排用英文字母和数字代表施工人员，A 表示技术工人，B 表示初级施工人员。例如在单元格中填写 A1B1 就代表这一天的工作由 1 名技术工人和 1 名初级施工人员合作完成。

2．进行时间的合理规划

由于本项目较为复杂，有些工作需要有经验的技术工人来完成，同时又有一些工作内容很简单，只需要初级工人来完成即可。本着工作效率和员工培训的需要，多数工作都是技术工人和初级工人合作完成的，这样更加有利于人员的安排和工期的保证。

根据实际情况合理调整人员，本项目共需要 2 名技术工人和 2 名初级施工人员，工期共48 天。具体安排情况如表 5-7 所示。

表 5-7　实训项目 3 施工进度表（局部）（详见附录 A）

工作日	底盒开孔	模块端接	桥架安装	水平布线	机柜理线	垂直系统布放	设备间安装	沟槽开挖	建筑群系统安装
					实训项目 3 施工进度表				
1	A1B1		A2B2						
2	A1B1		A2B2						
…	…		…						
14	A1B1		A2B2						
15	A1B1		A2B2						
16	A1B1			A2B2					
17	A1B1			A2B2					
…	…			…					
30	A1B1			A2B2					
31	A1B1			A2B2					
32	A1B1			A2B2					
33				A2B2	A1B1				
34				A2B2	A1B1				
35				A2B2	A1B1				
36				A2B2			A1B1		
37				A2B2			A1B1		
38				A2B2				A1B1	
39				A2B2				A1B1	
40				A2B2					A1B1
41		B1B2			A1A2B1B2				
42		B1B2			A1A2B1B2				
43		B1B2			A1A2B1B2				
44		B1B2			A1A2B1B2				
45		B1B2			A1A2B1B2				
46		B1B2			A1A2B1B2				
47		B1B2			A1A2B1B2				
48		B1B2			A1A2B1B2				
说明：共 4 名施工人员，A1 和 A2 为两名技术能力较强的技术工人，B1 和 B2 为两名普通施工人员。									

想一想

在新建项目中，施工进度很有可能受到结构工程进度的影响，如果不能按照施工进度表上的进度完成工作该怎么办？

在一个新建工程项目中，决定项目进度的主要因素就是结构工程的进度情况。弱电工程的施工人员经常要根据实际情况进行工期的调整，因此就会经常加班赶工期，或者暂时停工休息。这时候就需要项目负责人适当调整，如果施工企业有多个项目在同时进行，就可以对工作人员进行多个项目之间的调配。在这种情况下，就需要管理人员根据实际情况对施工进度表进行调整。

任务 13 　制作材料统计预算表

任务说明

建筑行业是一个资金密集型行业，弱电布线工程同样如此。资金的使用重点在材料和设备的购置，另外就是工程施工人员的劳动薪酬。仅仅统计出各种材料设备的数量，并不能满足工程预算的精确性。因此，需要进行一个比较准确的统计，这个统计中不仅包括所有的材料和设备的数量，还包括价格，最终完成一个预算需要的数据表格。本任务就是要根据项目提供的工程内容进行一个详细的材料预算统计，还要包括其他一些相关的财务计算，为整个工程提供重要的精算数据。

任务内容

一、制作表格结构

由于本项目信息点很多，所有材料如果都要根据每一个信息点单独进行计算，就会在过于繁杂，因此需要制定多个表格。第一个表格是对各个楼层及主干线缆进行的主要材料预算，其中包括工作区子系统、水平子系统和管理间子系统。第二个表格是进行其他系统中的材料预算，包括垂直干线子系统、设备间子系统和附属设备材料等。第三个表格是进行所有材料的价格计算和其他预算。

1. 第一个表格的结构

（1）第一列为材料名称，每行统计一种材料，最后一行是材料总计。

（2）第二～六列分别进行每一个楼层的材料统计。

（3）第七列为五层中的材料合计。

（4）第八列为材料单价。

（5）第九列为材料价格合计。

（6）最后一列是本表格所有材料预算的总计。

2. 第二个表格的结构

每一列单独列出一种材料，最后是本表格所有材料的总价格。

3．第三个表格的结构

经过最后的分类合计，利用市场通行价格进行详细的计算，列出预算表。其中包括前两个表格中的预算和附加预算，如税费、人工费、附加费等。

二、计算表格一的材料使用量并填写数据

（1）计算六类双绞线的使用量：在本实训项目中不再详细计算每一条线缆的长度，而是采用估计的计算方法。

首先计算最短的线缆长度，经过测量长度约为 15.4m；然后计算最长的线缆长度，经过测量长度约为 62.5m；取两者的平均数，乘以数据信息点的数量，即可简单得到本楼层中六类线缆的使用总数量。最后计算每一楼层的总数，填入表格中。

（2）填写金属线管使用量：进入每一个房间的金属线管使用量是一致的，根据图纸可以测量出每个房间的使用数量为 1.5m，乘以这一楼层的房间数即可。

（3）填写 PVC 线管使用量：计算方式与前述金属线管方式相同。每个房间的 25mm PVC 线管用量为 2.5m，16mm PVC 线管用量为 2m，然后乘以这一楼层的房间数。

（4）填写波纹管使用量：每房间的波纹管使用量为 1.5m，再乘以房间数。

（5）填写六类数据模块和三类语音模块使用量：数量可以从点数统计表获得。

（6）填写单口面板使用量：每一个信息点使用一个单口面板，从点数统计表获得。

（7）填写配线架数量：根据前述的设计原则，每 24 个网络端口应该使用一个六类网络配线架，每 25 个语音端口使用一个电话配线架。经计算后填入表格中。

（8）填写主干大对数线缆的数量：根据工程图中可以测量出从设备间到楼层管理间的距离，加上合理的冗余，一层的大对数线缆的长度大致应该为 20m，向上每层长度增加一个楼层高。

（9）填写楼层桥架使用量：根据水平施工图测量，长度约为 58m，五个楼层共 290m。

（10）最后将五个楼层的数量进行合计，根据市场通用价格计算总价格（见表 5-8）。

表 5-8　实训项目 3 材料统计预算表一

实训项目 3 材料统计预算表一								
	一层	二层	三层	四层	五层	总数量	单价（元）	总价（元）
六类双绞线	3510	3950	3950	3950	3950	19310	3	57930
4 芯电话线	920	1000	1000	1000	1000	4920	1	4920
六类数据模块	90	101	101	101	101	494	25	12350
三类语音模块	24	26	26	26	26	128	5	640
PVC 底盒	114	127	127	127	127	622	5	3110
单口面板	114	127	127	127	127	622	10	6220
25 金属线管	36	40	40	40	40	196	10	1960
波纹管	36	40	40	40	40	196	2	392
25mm PVC 线管	60	70	70	70	70	340	3	1020
16mm PVC 线管	48	52	52	52	52	256	2	512
24 口六类配线架	4	5	5	5	5	24	450	10800
25 口语音配线架	2	2	2	2	2	10	300	3000
理线架	5	6	6	6	6	29	50	1450
机柜	1	1	1	1	1	5	2000	10000

续表

	一层	二层	三层	四层	五层	总数量	单价（元）	总价（元）
不间断电源	1	1	1	1	1	5	8000	40000
稳压电源	1	1	1	1	1	5	2000	10000
三类100对大对数线缆	20	23	26	29	32	130	20	2600
楼层桥架	58	58	58	58	58	290	50	14500
桥架固定材料	30	30	30	30	30	150	15	2250
合计								183654

三、计算表格二的材料使用量并填写数据

（1）计算主干光缆的使用量：在垂直系统中，不再给每一个楼层单独布放一条光缆，而是统一使用一条光缆分开各根线芯给楼层交换设备。因此整个建筑物中有一条光缆即可，通过测量即可以得到光缆的数量。

（2）计算竖井内金属线槽数量：根据施工图确定线槽长度。

（3）计算设备间内桥架的使用数量：根据施工图能够确定。

（4）计算设备间内光纤设备和语音设备的数量：每一个楼层对应一个设备。

（5）计算设备间内的机柜和配电设备的数量：都使用一个即可。

（6）根据市场通用价格计算设备线缆的总价格（见表5-9）。

表5-9　实训项目3材料统计预算表二

实训项目3材料统计预算表二			
	总　数　量	单价（元）	总价（元）
24芯光缆	50	30	1500
竖井内金属线槽	15	100	1500
设备间桥架	5	50	250
桥架固定材料	10	15	150
语音跳线架	5	200	1000
光纤配线架	5	500	2500
设备机柜	1	2000	2000
不间断电源	1	8000	8000
稳压电源	1	2000	2000
理线架	2	50	100
总计			19000

四、进行预算计算

（1）填写两个材料表格中的总计价格，附加材料损耗的部分。

（2）根据施工进度表核算人工成本：技术工人日工资按照300元计，普通施工人员工资按照150元计。另外需要考虑施工中可能出现延期或者其他影响因素，需要增加其他工资支出约25%。

（3）物流等支出约占材料费用的5%。

（4）项目管理方面的支出约占工资支出的20%。

（5）计算合理的利润比例。

（6）税费计算。

（7）合计总预算（见表5-10）。

表 5-10　实训项目 3 材料统计预算表三　　　　　　　单位：元

实训项目 3 材料统计预算表三	
一表材料总计	183654
二表材料总计	19000
材料损耗 10%	22000
工资支出	21600
其他工资支出	5400
物流等支出	12500
项目管理支出	5400
以上总计	269554
合理利润	27000
税费	45000
总计	611108

想一想

为什么在这个项目中，不再像前两个项目那样制作一个非常详尽的材料统计表？

如果是类似高层写字楼或者体育场馆这样的大型工程，材料统计表的数量会十分庞大，进行详尽的统计非常耗费人力。在这种情况下，不做每一个信息点的统计也是可以的。因为在具有丰富经验的施工企业里，各种建筑物的施工模板都已经制作得比较完备，相似的工程可以直接套用模板来进行材料的计算。虽然会有一些误差，但是最后的结果基本上还是比较准确的，可以直接采用这个结果，只要再进行一些必要的修正，添加上其他的预算额度就可以了。

任务 14　制作模拟施工的各种图表

任务说明

在本任务中，需要把实训项目工程采用各种方式浓缩到模拟设备中。无论是简化还是省略，都需要将项目的内容和模拟工程做到基本上的对应。和前面两个实训项目相同，本任务中需要完成相关的所有设计图纸和表格。具体包括施工图、工位图、拓扑图、点数统计表、端口对应表、施工进度表、材料统计预算表。此处只介绍网络拓扑图、墙面施工图和俯视工位图，其余表格和前述项目类似，不再赘述。

任务内容

一、绘制网络拓扑图

模拟施工的网络拓扑图结构简单，只需要表示出总体结构即可，可以使用图形表示配线设备。

（1）绘制建筑群子系统示意图：在图纸左侧位置绘制一个配线设备表示建筑群子系统的配线设备。

（2）绘制设备间子系统示意图：在建筑群子系统配线设备右侧再绘制一个图形表示建筑物

的设备间子系统。

（3）绘制管理间子系统示意图：在设备间子系统配线设备右侧再绘制三个图形表示五个楼层的管理间子系统。

（4）绘制工作区信息点示意图：在管理间子系统右侧绘制两个方块，用来表示语音信息点和数据信息点。

（5）绘制线缆：连接各个图形（见图5-9），注意线与线之间不要产生交叉。

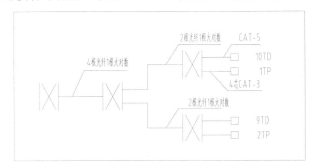

图 5-9　实训项目 3 模拟网络拓扑图

（6）图示说明：对各条路线和设备进行指示说明，标注数量和类型。最后做好图纸说明和图签。

二、绘制模拟墙面施工图

根据实际工程进行缩减和节略。对应关系大致如下（示例见图5-10）。

（1）用两个楼层表示实际的五个楼层。

（2）用每层中的 12 个房间表示实际的几十个房间。

（3）每个房间的信息点采用上下方向排列，与实际房间内的方向相同。水平子系统的桥架用 40mm PVC 线槽代替。

（4）管理间设置在一号墙，竖井位于管理间机柜左侧，用来布放垂直子系统的线缆。

（5）一号墙增加一个壁挂式机柜，表示设备间。

（6）模拟机柜 A 用来表示建筑群子系统。

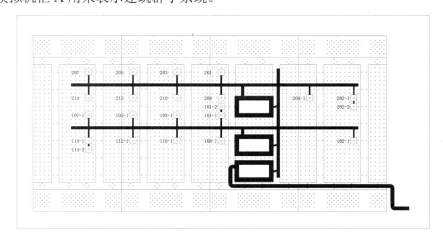

图 5-10　实训项目 3 模拟墙面施工图

三、绘制工位图

在模拟施工中，工位图可以准确地定位各种设备的具体位置，尤其是建筑群或者干线子系统的位置，在一个比较复杂的系统中才有重要的意义（见图 5-11）。

（1）绘制墙体位置（具体数据请参考设备参数）。

（2）绘制机架设备位置（具体数据请参考设备参数），一侧距离墙体 600mm，用来表示建筑群子系统和本建筑物的距离。

（3）绘制建筑群子系统的 50mm PVC 线管。

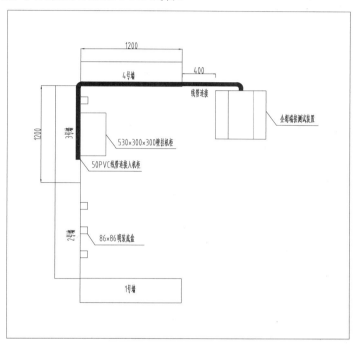

图 5-11　实训项目 3 模拟施工工位图

任务 15　项目施工

 任务说明

在综合布线工程中，施工环节永远是工程中最重要的部分。能够合理规范地完成所有操作，并能够让工程结果符合国家规范的要求，是施工工作人员的工作核心。在本任务中，除了前两个实训项目中包含的部分，又增加了垂直系统和建筑群系统的部分，难度有所增加，工期也会相应地延长。但是在施工中，仍然需要注重安全防范和操作规范。模拟施工中也要注意实训室设备材料及工具的规范化管理，以便形成良好的职业素养，更好地与社会接轨。在本任务中，与实训项目 1 和实训项目 2 有类似之处此处不再赘述，只介绍垂直子系统、设备间子系统等的施工方法。

任务内容

一、施工方法

1. 垂直子系统施工方法

（1）竖井内金属线槽的安装：根据设计图纸，进入竖井内进行固定螺丝点位的标注，根据要求每两个膨胀螺丝之间的距离不能超过 2m；然后使用冲击钻打孔，放入并固定膨胀螺丝；在膨胀螺栓上安装固定装置，然后再安装。

（2）线缆布放：首先核实线缆的长度及重量，利用外护套上的尺码标记截取相应长度并留有余量，将线缆运送到顶层并向下传送。

（3）线缆绑扎：直接将绑扎带固定在金属线槽中，待线缆长度合适的时候进行绑扎固定。绑扎距离不宜大于 1.5m，防止因重量过大造成线缆变形，同时注意绑扎带固定得不要过紧，以免影响传输效果。

2. 建筑群子系统施工

建筑群子系统主要包括两种方法，水平暗井内穿线和沟槽内布线。这两种方法都需要使用室外光缆，室外光缆的铠甲可以保证在施工过程中不会损害到内部的光纤。

线缆布放或者穿线完毕之后，需要进行光纤的熔接，并根据一开始的设计思路进行对应，保证网络星型结构的形成。

二、模拟施工简介

1. 安装固定管卡和 50mm PVC 线管

（1）查看施工图，根据线管的位置确定管卡的位置，然后安装管卡。

（2）根据施工图的尺寸截取 50mm PVC 线管，然后放置在管卡中。

2. 线管内穿线

（1）将工程中需要的线缆根据需求截取适应的长度，然后使用扎带绑扎。

（2）将绑扎后的线缆从线管中穿入，注意牵引力量不能过大。

3. 端接

将牵引过来的线缆进行相应的端接。

想一想

施工过程中如果出现不规范的情况应该怎么办？

在一个要求较高的施工项目中，施工的规范很重要。技术人员也许对严格的规范有着较深的理解，但是普通的施工人员就有可能在赶工期的时候不严格遵守规范。这种情况下，就需要施工监理人员或者项目管理人员做好监督和指导工作，发现问题及时制止，必要的时候还要拆除链路重新敷设，只有这样才能保证项目通过严格的验收，并且能够保证之后的使用过程中不会很快出现质量问题。不能因为工期的需要和降低成本的需要随意降低施工规范，这也是一家施工企业长期发展的重要根基。

任务 16　制作 FLUKE 系统测试报告

任务说明

布线系统的测试包括多个方面，除了包括各信息点的系统指标，还应该包括主干系统的多项指标，例如光纤的性能测试和大对数线缆的通断测试。在本任务中，需要根据项目的要求进行所有线缆的全面测试，并且同样需要使用专业的测试仪器，同时进行测试记录，生成规范的测试报告。这份测试报告也是重要的竣工资料，需要施工企业长期保存。然后再对出现的问题进行维修并再次测试直到指标合格，最终达到用户的满意同时符合国家的相关规范。

任务内容

一、使用 FLUKE 测试仪进行系统测试

根据施工规范的要求，需要使用 FLUKE 测试仪进行所有子系统的检测，根据实训项目二中的介绍，本实训项目中不再赘述。

二、使用 LinkWare 制作测试报告

LinkWare 软件是 FLUKE 公司开发的电缆管理软件，可以用于连接测试仪，能够把测试仪中保存的自动测试报告和报告摘要传送到 PC，并能够排序和编辑测试报告，必要时还可以对测试仪和远端的固件进行更新，发挥出测试仪的最佳性能。

（1）先在 PC 中安装 LinkWare 并重启 PC

（2）安装完毕后，第一次启动软件显示为英文，可以通过 Options 菜单下的语言选项，将操作菜单转换为中文，完成后的界面如图 5-12 所示。

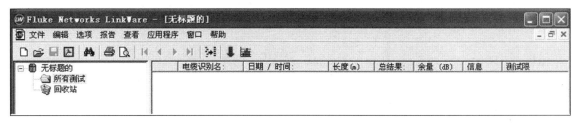

图 5-12　LinkWare 管理软件界面

（3）连接 PC 和测试仪；在 LinkWare 工具栏上，单击"新建"图标，单击红色下箭头快捷图标，选择 DTX CableAnalyzer 下载数据，如图 5-13 所示。

（4）在"自动测试报告"窗口中，选择需要导入的报告。如果需要选择多份，则按住 Ctrl键，然后单击各报告，全部选后单击"确定"按钮，如图 5-14 所示。

（5）通过文件菜单中的打印选项输出打印报告，如图 5-15 所示。

图 5-13 连接 PC 同步数据

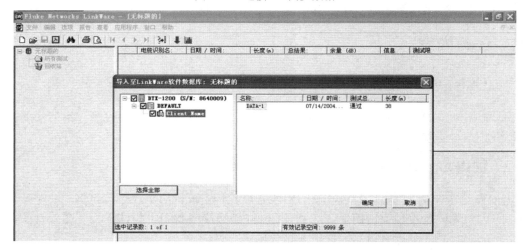

图 5-14 选择报告

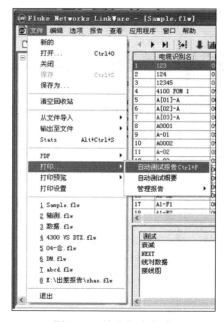

图 5-15 输出打印报告

报告示例如图 5-16 所示。

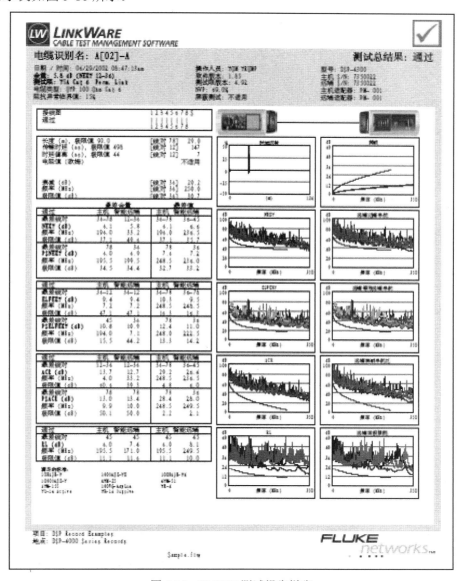

图 5-16　FLUKE 测试报告样张

 想一想

既然系统测试是一项费时费力还会产生很多费用的工作，能不能由施工企业自己完成，既提高工作效率也提高自身的经济效益？

这种情况是不允许的。根据我国的相关法律规定，任何较大的工程项目中，施工企业不能同时担任验收工作。在路桥土建等工程中，甚至监理工作也是需要另外一家企业来担任的。制定这么复杂的规范，目的就是为了避免施工中为了降低成本而牺牲施工质量。因此，规范的综合布线施工企业会严格遵守相关的规定，花费大量资金请来知名的大企业，对自己的工程进行项目验收工作。这么做的目的有两个：一是可以通过验收来提高自己的工作规范性；二是通过知名企业验收之后可以证明自己企业的技术实力，便于在激烈的市场竞争中立于不败之地。

任务 17　制作施工日志及施工总结

 任务说明

一个规范的施工企业需要对工程的全部过程进行管控，施工过程关系到项目的规范性和成本控制，并且和安全管理密切相关。施工日志是过程管控的重要材料，需要工程技术人员和施工人员根据每天的情况准确填写。项目完成之后，项目经理、技术人员和施工人员需要进行施工总结，在总结中要对工程的情况进行介绍，也要把工程中出现的问题做一个详细说明，为施工企业留下一份重要的经验总结，为以后的工程提供技术依据。

 任务内容

一、施工日志

施工日志没有严格的格式要求，但是其中应该包含如下内容。

（1）工程项目名称：由于所有表格都需要进行存档，需要在表格中注明项目名称。

（2）日期和工作人员：根据工程进度，需要对每天工作人员登记考勤，作为薪酬发放的依据。

（3）当天施工内容：清楚表明每天的工作内容，用以和施工进度表进行对比，便于公司掌握工程进展情况。

（4）材料出入库明细：由于不可能将所有施工材料都提前准备到施工场地中，因此最常见的情况还是由施工人员在工作时带去，故而必须在施工日志中注明材料的使用情况，以保证材料的节约，降低生产成本。

（5）施工进度情况说明：每天工作结束之后，项目经理需要对当天所有施工人员的工作完成情况做记录，目的是掌握施工进度，把握施工人员的工作时间，必要的时候可以根据这些记录调整施工进度，同时也可以根据记录评估施工人员的工作能力和工时数，这也是调整薪酬的重要依据。

（6）其他需要说明的情况：在施工过程中，难免会有各种问题出现，需要项目经理对这些问题进行及时地处理，并记录在日志中。这些问题及解决方法就是未来对员工进行培训的重要材料。

在施工日志中，也可以添加其他内容，需要根据实际情况进行添加或删改。施工日志示例如表 5-11 所示。

表 5-11 施工日志

施工日志						
××网络工程公司						
项目名称：某职业技术学院宿舍楼综合布线工程						
日期	年　月　日				人员	
施工内容	桥架安装□　水平布线□　墙体开槽□　底盒安装□ 垂直布放□　线缆端接□　机柜安装□　光纤熔接□ ……					
材料出库				材料入库		
名称	类型		数量	名称	类型	数量
签名：				签名：		
施工进度情况	1. 2. 3. （请注明施工人员的工时数和工作内容）					
其他情况	（请注明出现的问题和解决方法，可附页）					
项目经理签名：						

二、施工总结

一个施工总结中应该包括如下主要内容：施工项目名称、项目概况、项目完成情况、项目过程中出现的问题及解决问题的方法和经验教训。实际在施工过程中就可以不断地添加修改，直到最后完成。不同的企业有不同的习惯和要求，但是大致内容类似，这里不再进行举例。

 想一想

施工日志和施工总结这两项材料有着重要的作用，能够对工程人员和工程项目实施有效的管理，但是还有其他重要的意义吗？

生产活动中，各种安全问题都非常重要，也会经常产生法律纠纷，无论是建筑工程还是其他各种工程项目，都会产生大量的法律纠纷。在生产活动中进行详细地记录和总结，不仅能够有效地管理工程，也能在出现纠纷的时候为双方提供重要的依据。这些依据不仅能够解决一定数量的经济纠纷，也能在安全管理活动中起到重要的作用。

一家规范的施工企业特别重视过程管理，虽然有可能会造成效率的降低和经营成本的增加，但是从长远的角度考虑，这些都能够有效地提高企业的市场竞争能力。

附录 A 实训项目完整图表

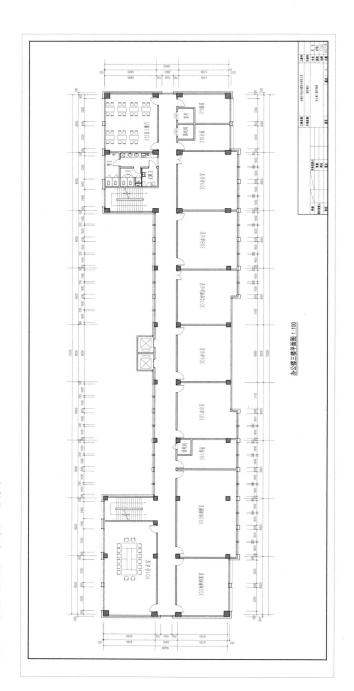

图 4-1 实训项目 2 任务 1 例图

图 4-5 实训项目 2 任务 3 例图

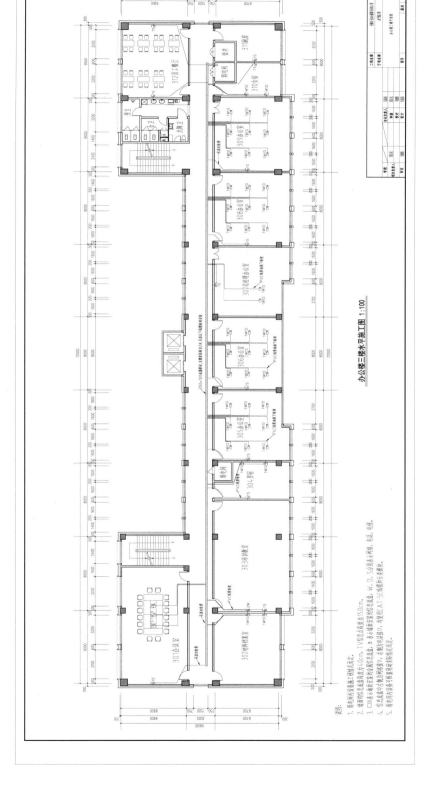

办公楼三楼水平施工图 1:100

表 4-8 实训项目 2 任务 5 全表

序号	信息点完整编号	房间编号	底盒编号	信息点编号	信息点类型	配线架编号	配线架端口号
	实训项目 2 端口对应表
1	301-01-1-S-S1-01	301	01	1	S	S1	01
2	301-02-1-W-W1-01	301	02	1	W	W1	01
3	301-02-2-D-D1-01	301	02	2	D	D1	01
4	301-03-1-W-W1-02	301	03	1	W	W1	02
5	301-03-2-D-D1-02	301	03	2	D	D1	02
6	301-04-1-W-W1-03	301	04	1	W	W1	03
7	301-04-2-W-W1-04	301	04	2	W	W1	04
8	302-01-1-W-W1-05	302	01	1	W	W1	05
9	302-01-2-D-D1-03	302	01	2	D	D1	03
10	302-02-1-W-W1-06	302	02	1	W	W1	06
11	302-02-2-D-D1-04	302	02	2	D	D1	04
12	303-01-1-W-W1-07	303	01	1	W	W1	07
13	303-01-2-W-W1-08	303	01	2	W	W1	08
14	303-02-1-S-S1-02	303	02	1	S	S1	02
15	304-01-1-S-S1-03	304	02	1	S	S1	03
16	304-02-1-W-W1-09	304	02	1	W	W1	09
17	304-02-2-D-D1-05	304	02	2	D	D1	05
18	304-03-1-W-W1-10	304	03	1	W	W1	10
19	304-03-2-D-D1-06	304	03	2	D	D1	06
20	305-01-1-S-S1-04	305	01	1	S	S1	04
21	305-02-1-W-W1-11	305	02	1	W	W1	11
22	305-02-2-D-D1-07	305	02	2	D	D1	07
23	305-03-1-W-W1-12	305	03	1	W	W1	12
24	305-03-2-D-D1-08	305	03	2	D	D1	08
25	305-04-1-W-W1-13	305	04	1	W	W1	13
26	305-04-2-D-D1-09	305	04	2	D	D1	09
27	305-05-1-W-W1-14	305	05	1	W	W1	14
28	305-05-2-D-D1-10	305	05	2	D	D1	10
29	305-06-1-W-W1-15	305	06	1	W	W1	15
30	305-06-2-D-D1-11	305	06	2	D	D1	11
31	305-07-1-W-W1-16	305	07	1	W	W1	16
32	305-07-2-D-D1-12	305	07	2	D	D1	12
33	305-08-1-W-W1-17	305	08	1	W	W1	17
34	305-08-2-D-D1-13	305	08	2	D	D1	13
35	305-09-1-W-W1-18	305	09	1	W	W1	18

序号	信息点完整编号	房间编号	底盒编号	信息点编号	信息点类型	配线架编号	配线架端口号
36	305-09-2-D-D1-14	305	09	2	D	D1	14
37	305-10-1-W-W1-19	305	10	1	W	W1	19
38	305-10-2-D-D1-15	305	10	2	D	D1	15
39	306-01-1-S-S1-05	306	01	1	S	S1	05
40	306-02-1-W-W1-20	306	02	1	W	W1	20
41	306-02-2-D-D1-16	306	02	2	D	D1	16
42	306-03-1-W-W1-21	306	03	1	W	W1	21
43	306-03-2-D-D1-17	306	03	2	D	D1	17
44	306-04-1-W-W1-22	306	04	1	W	W1	22
45	306-04-2-D-D1-18	306	04	2	D	D1	18
46	306-05-1-W-W1-23	306	05	1	W	W1	23
47	306-05-2-D-D1-19	306	05	2	D	D1	19
48	306-06-1-W-W1-24	306	06	1	W	W1	24
49	306-06-2-D-D1-20	306	06	2	D	D1	20
50	306-07-1-W-W2-01	306	07	1	W	W2	01
51	306-07-2-D-D1-21	306	07	2	D	D1	21
52	306-08-1-W-W2-02	306	08	1	W	W2	02
53	306-08-2-D-D1-22	306	08	2	D	D1	22
54	306-09-1-W-W2-03	306	09	1	W	W2	03
55	306-09-2-D-D1-23	306	09	2	D	D1	23
56	306-10-1-W-W2-04	306	10	1	W	W2	04
57	306-10-2-D-D1-24	306	10	2	D	D1	24
58	307-01-1-S-S1-06	307	01	1	S	S1	06
59	307-02-1-W-W2-05	307	02	1	W	W2	05
60	307-02-2-D-D2-01	307	02	2	D	D2	01
61	307-03-1-W-W2-06	307	03	1	W	W2	06
62	307-03-2-D-D2-02	307	03	2	D	D2	02
63	308-01-1-S-S1-07	308	01	1	S	S1	07
64	308-02-1-W-W2-07	308	02	1	W	W2	07
65	308-02-2-D-D2-03	308	02	2	D	D2	03
66	308-03-1-W-W2-08	308	03	1	W	W2	08
67	308-03-2-D-D2-04	308	03	2	D	D2	04
68	308-04-1-W-W2-09	308	04	1	W	W2	09
69	308-04-2-D-D2-05	308	04	2	D	D2	05
70	308-05-1-W-W2-10	308	05	1	W	W2	10
71	308-05-2-D-D2-06	308	05	2	D	D2	06
72	308-06-1-W-W2-11	308	06	1	W	W2	11

续表

序号	信息点完整编号	房间编号	底盒编号	信息点编号	信息点类型	配线架编号	配线架端口号
73	308-06-2-D-D2-07	308	06	2	D	D2	07
74	308-07-1-W-W2-12	308	07	1	W	W2	12
75	308-07-2-D-D2-08	308	07	2	D	D2	08
76	308-08-1-W-W2-13	308	08	1	W	W2	13
77	308-08-2-D-D2-09	308	08	2	D	D2	09
78	308-09-1-W-W2-14	308	09	1	W	W2	14
79	308-09-2-D-D2-10	308	09	2	D	D2	10
80	308-10-1-W-W2-15	308	10	1	W	W2	15
81	308-10-2-D-D2-11	308	10	2	D	D2	11
82	309-01-1-S-S1-08	309	01	1	S	S1	08
83	309-02-1-W-W2-16	309	02	1	W	W2	16
84	309-02-2-D-D2-12	309	02	2	D	D2	12
85	309-03-1-W-W2-17	309	03	1	W	W2	17
86	309-03-2-D-D2-13	309	03	2	D	D2	13
87	309-04-1-W-W2-18	309	04	1	W	W2	18
88	309-04-2-D-D2-14	309	04	2	D	D2	14
89	309-05-1-W-W2-19	309	05	1	W	W2	19
90	309-05-2-D-D2-15	309	05	2	D	D2	15
91	309-06-1-W-W2-20	309	06	1	W	W2	20
92	309-06-2-D-D2-16	309	06	2	D	D2	16
93	309-07-1-W-W2-21	309	07	1	W	W2	21
94	309-07-2-D-D2-17	309	07	2	D	D2	17
95	309-08-1-W-W2-22	309	08	1	W	W2	22
96	309-08-2-D-D2-18	309	08	2	D	D2	18
97	309-09-1-W-W2-23	309	09	1	W	W2	23
98	309-09-2-D-D2-19	309	09	2	D	D2	19
99	309-10-1-W-W2-24	309	10	1	W	W2	24
100	309-10-2-D-D2-20	309	10	2	D	D2	20
101	310-01-1-W-W3-01	310	01	1	W	W3	01
102	310-01-2-D-D2-21	310	01	2	D	D2	21
103	310-02-1-W-W3-02	310	02	1	W	W3	02
104	310-02-2-D-D2-22	310	02	2	D	D2	22
105	310-03-1-S-S1-09	310	03	1	S	S1	09
106	311-01-1-S-S1-10	311	01	1	S	S1	10
107	312-01-1-S-S1-11	312	01	1	S	S1	11
108	312-02-1-S-S1-12	312	02	1	S	S1	12

制表人：闫战伟

审核人：闫战伟

制表日期：2017 年 7 月 5 日

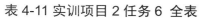
表 4-11 实训项目 2 任务 6 全表

序号	信息点完整编号	双绞线（m）	同轴电缆（m）	波纹管（m）	16 线管（m）	底盒
	实训项目 2 材料统计表（一）					
1	301-01-1-S-S1-01		83	4	5	1
2	301-02-1-W-W1-01	76		2	10	1
3	301-02-2-D-D1-01	76				
4	301-03-1-W-W1-02	75		2	9	1
5	301-03-2-D-D1-02	75				
6	301-04-1-W-W1-03	74		2	8	1
7	301-04-2-W-W1-04	74				
8	302-01-1-W-W1-05	76		2	3	1
9	302-01-2-D-D1-03	76				
10	302-02-1-W-W1-06	77		2	5	1
11	302-02-2-D-D1-04	77				
12	303-01-1-W-W1-07	73		2	3	1
13	303-01-2-W-W1-08	73				
14	303-02-1-S-S1-02		75	2	5	1
15	304-01-1-S-S1-03		60	2	3	1
16	304-02-1-W-W1-09	61		4	3	1
17	304-02-2-D-D1-05	61				
18	304-03-1-W-W1-10	63		4	5	1
19	304-03-2-D-D1-06	63				
20	305-01-1-S-S1-04		56	2	3	1
21	305-02-1-W-W1-11	54		1	7	1
22	305-02-2-D-D1-07	54				
23	305-03-1-W-W1-12	56		1	9	1
24	305-03-2-D-D1-08	56				
25	305-04-1-W-W1-13	58		1	11	1
26	305-04-2-D-D1-09	58				
27	305-05-1-W-W1-14	52		1	5	1
28	305-05-2-D-D1-10	52				
29	305-06-1-W-W1-15	54		1	7	1
30	305-06-2-D-D1-11	54				
31	305-07-1-W-W1-16	56		1	9	1
32	305-07-2-D-D1-12	56				
33	305-08-1-W-W1-17	52		1	5	1
34	305-08-2-D-D1-13	52				
35	305-09-1-W-W1-18	54		1	7	1

续表

序号	信息点完整编号	双绞线（m）	同轴电缆（m）	波纹管（m）	16 线管（m）	底盒
36	305-09-2-D-D1-14	54				
37	305-10-1-W-W1-19	56		1	9	1
38	305-10-2-D-D1-15	56				
39	306-01-1-S-S1-05		48	2	3	1
40	306-02-1-W-W1-20	46		1	7	1
41	306-02-2-D-D1-16	46				
42	306-03-1-W-W1-21	48		1	9	1
43	306-03-2-D-D1-17	48				
44	306-04-1-W-W1-22	50		1	11	1
45	306-04-2-D-D1-18	50				
46	306-05-1-W-W1-23	44		1	5	1
47	306-05-2-D-D1-19	44				
48	306-06-1-W-W1-24	46		1	7	1
49	306-06-2-D-D1-20	46				
50	306-07-1-W-W2-01	48		1	9	1
51	306-07-2-D-D1-21	48				
52	306-08-1-W-W2-02	44		1	5	1
53	306-08-2-D-D1-22	44				
54	306-09-1-W-W2-03	46		1	7	1
55	306-09-2-D-D1-23	46				
56	306-10-1-W-W2-04	48		1	9	1
57	306-10-2-D-D1-24	48				
58	307-01-1-S-S1-06		34	1	3	1
59	307-02-1-W-W2-05	41		1	9	1
60	307-02-2-D-D2-01	41				
61	307-03-1-W-W2-06	39		1	8	1
62	307-03-2-D-D2-02	39				
63	308-01-1-S-S1-07		33	2	3	1
64	308-02-1-W-W2-07	30		1	7	1
65	308-02-2-D-D2-03	30				
66	308-03-1-W-W2-08	32		1	9	1
67	308-03-2-D-D2-04	32				
68	308-04-1-W-W2-09	34		1	11	1
69	308-04-2-D-D2-05	34				
70	308-05-1-W-W2-10	28		1	5	1
71	308-05-2-D-D2-06	28				
72	308-06-1-W-W2-11	30		1	7	1

续表

序号	信息点完整编号	双绞线（m）	同轴电缆（m）	波纹管（m）	16 线管（m）	底盒
73	308-06-2-D-D2-07	30				
74	308-07-1-W-W2-12	32		1	9	1
75	308-07-2-D-D2-08	32				
76	308-08-1-W-W2-13	28		1	5	1
77	308-08-2-D-D2-09	28				
78	308-09-1-W-W2-14	30		1	7	1
79	308-09-2-D-D2-10	30				
80	308-10-1-W-W2-15	32		1	9	1
81	308-10-2-D-D2-11	32				
82	309-01-1-S-S1-08		24	2	3	1
83	309-02-1-W-W2-16	22		1	7	1
84	309-02-2-D-D2-12	22				
85	309-03-1-W-W2-17	24		1	9	1
86	309-03-2-D-D2-13	24				
87	309-04-1-W-W2-18	26		1	11	1
88	309-04-2-D-D2-14	26				
89	309-05-1-W-W2-19	20		1	5	1
90	309-05-2-D-D2-15	20				
91	309-06-1-W-W2-20	22		1	7	1
92	309-06-2-D-D2-16	22				
93	309-07-1-W-W2-21	24		1	9	1
94	309-07-2-D-D2-17	24				
95	309-08-1-W-W2-22	20		1	5	1
96	309-08-2-D-D2-18	20				
97	309-09-1-W-W2-23	22		1	7	1
98	309-09-2-D-D2-19	22				
99	309-10-1-W-W2-24	24		1	9	1
100	309-10-2-D-D2-20	24				
101	310-01-1-W-W3-01	17		2	3	1
102	310-01-2-D-D2-21	17				
103	310-02-1-W-W3-02	19		2	5	1
104	310-02-2-D-D2-22	19				
105	310-03-1-S-S1-09		18	3	3	1
106	311-01-1-S-S1-10		18			1
107	312-01-1-S-S1-11		19	4	5	1
108	312-02-1-S-S1-12		21	6	6	1
总计		4166	489	92	389	60

制表人：闫战伟

审核人：张会龙

制表日期：2017 年 8 月 15 日

图 4-6 实训项目 2 任务 8 例图

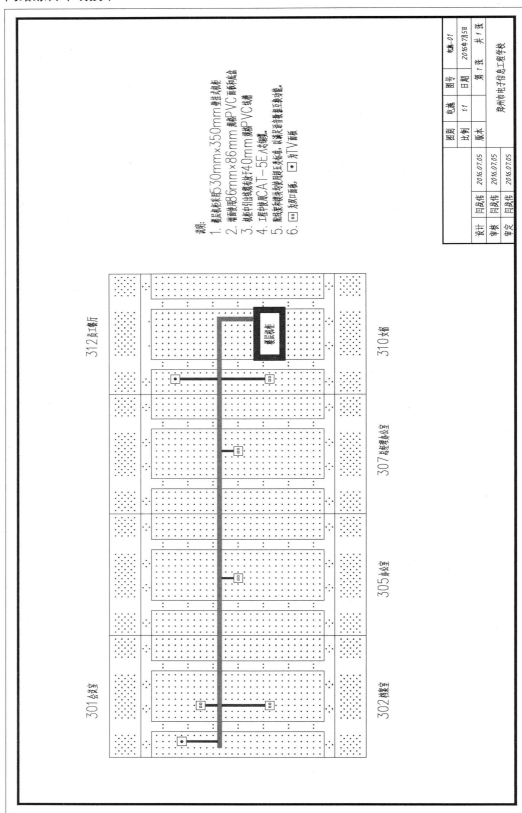

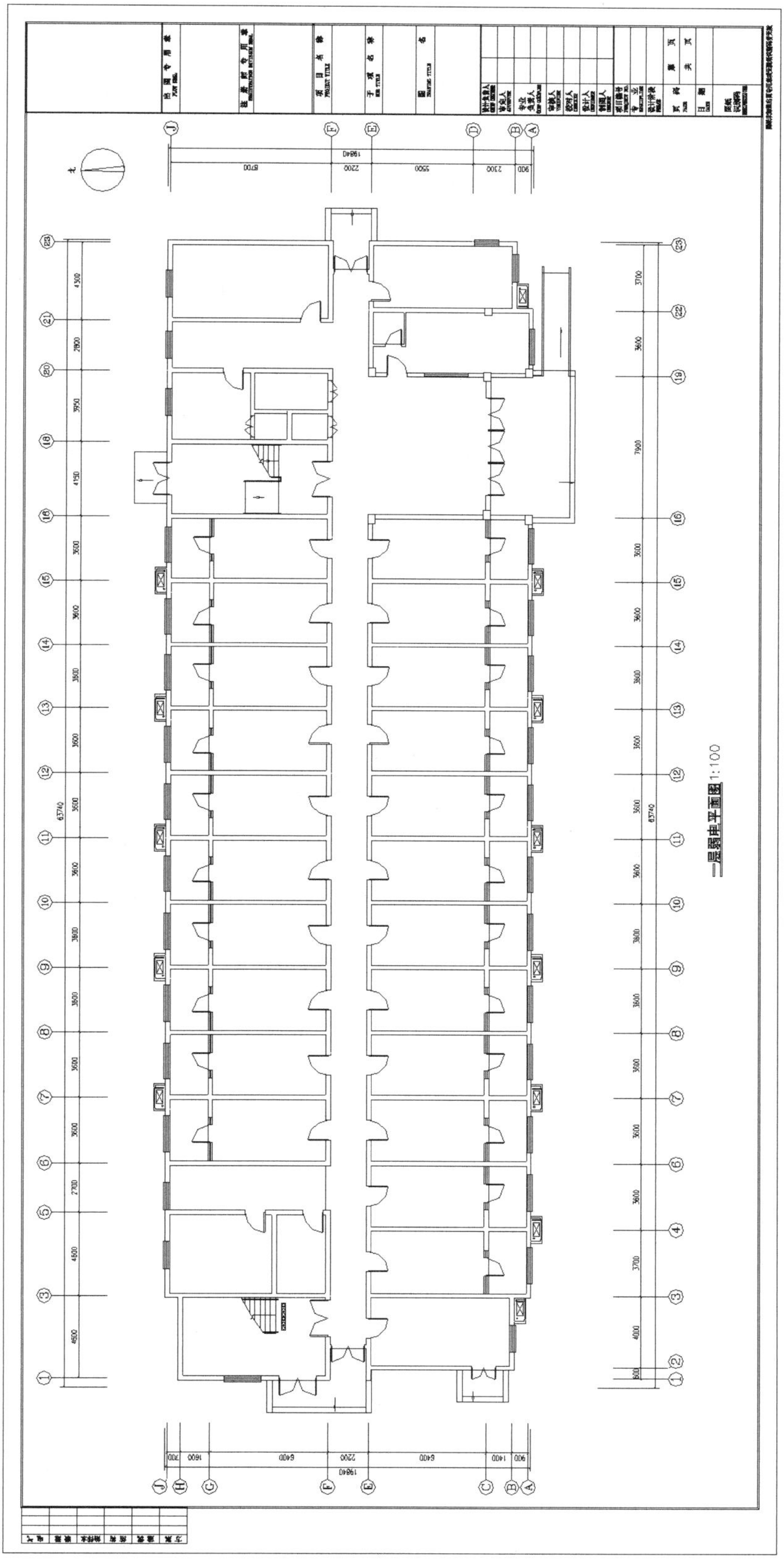

图 5-1 实训项目 3 任务 1 项目原图 1

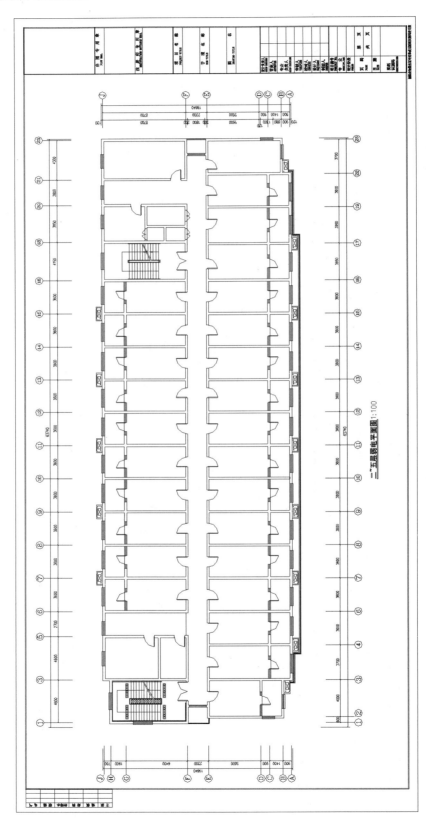

图 5-1 实训项目 3 任务 1 项目原图 2

图 5-2 实训项目 3 任务 4 例图

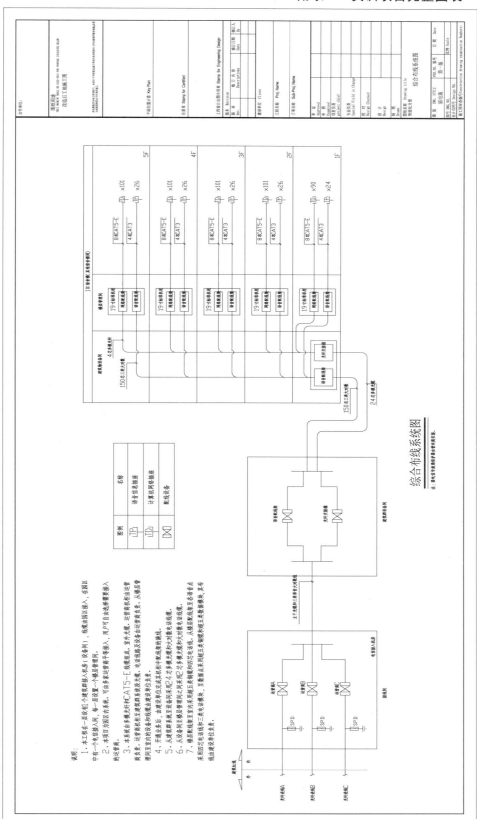

图 5-3 项目 3 任务 5 例图

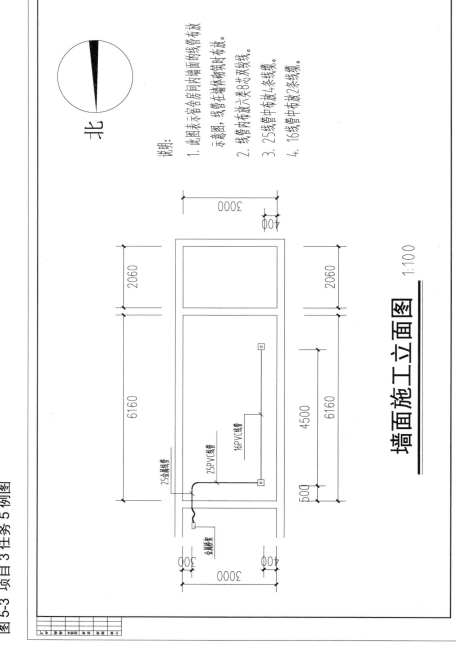

北

说明：

1. 此图表示完全房间内墙面附线管布放示意图，线管在墙体砌筑时布放。

2. 线管内布放六类8心双绞线。

3. 25线管中布放4条线缆。

4. 16线管中布放2条线缆。

墙面施工立面图 1:100

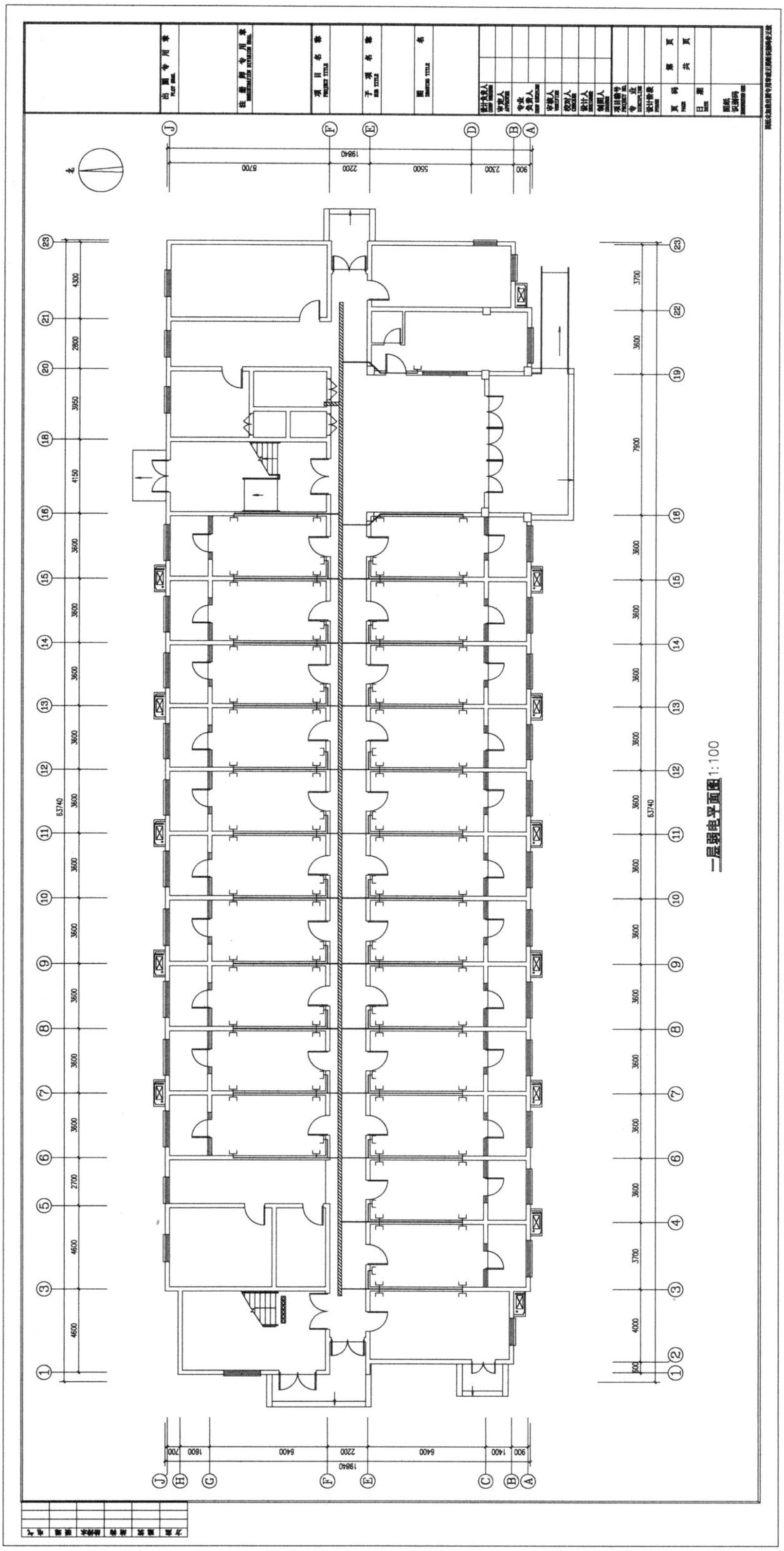

图 5-4 项目 3 任务 7 例图 1

一层照明平面图 1:100

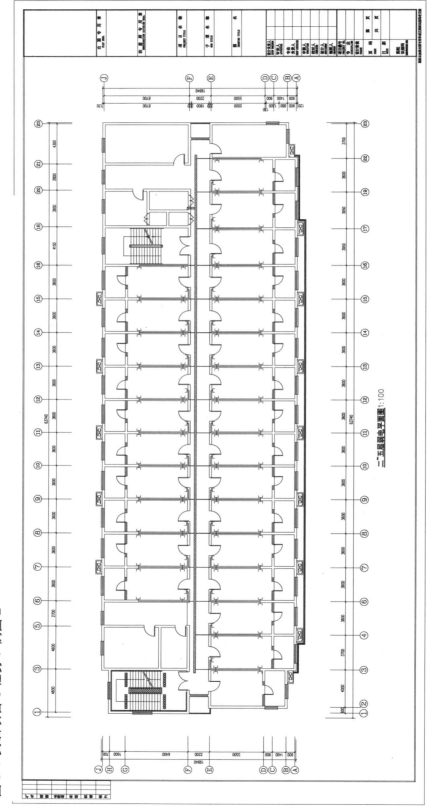

图 5-4 实训项目 3 任务 7 例图 2

二~五层弱电平面图 1:100

图 5-7 实训项目 3 任务 10 例图

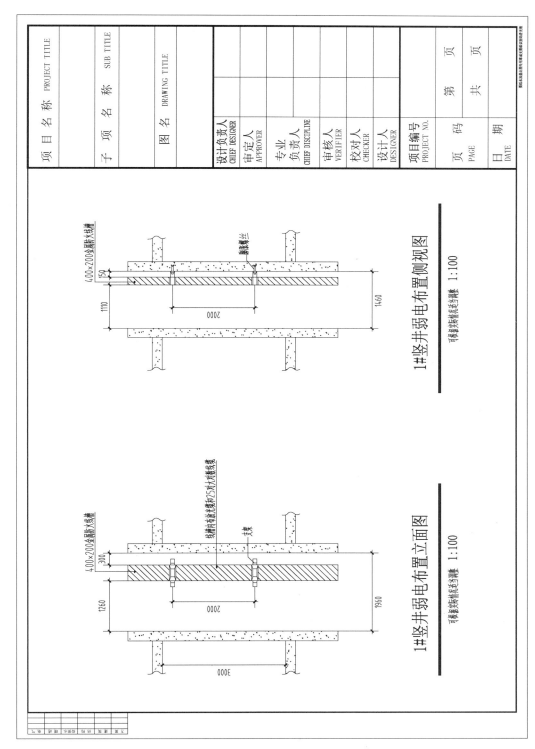

图 5-8 实训项目 3 任务 11 例图

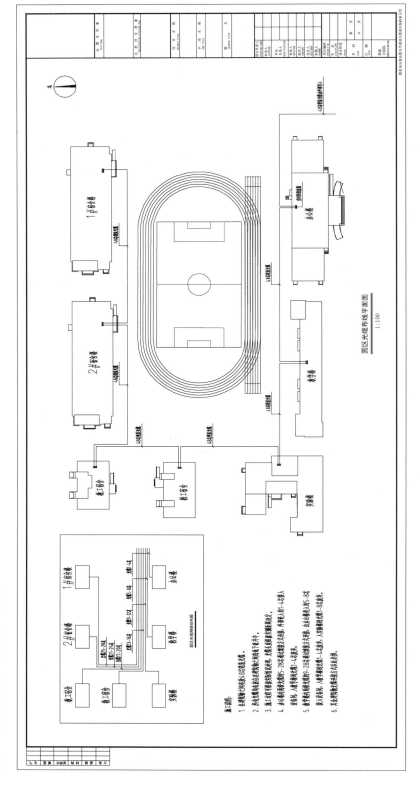

表 5-7 实训项目 3 任务 12 例表

工作日	底盒开孔	模块端接	桥架安装	水平布线	机柜理线	垂直系统布放	设备间安装	沟槽开挖	建筑群系统安装
1	A1B1		A2B2						
2	A1B1		A2B2						
3	A1B1		A2B2						
4	A1B1		A2B2						
5	A1B1		A2B2						
6	A1B1		A2B2						
7	A1B1		A2B2						
8	A1B1		A2B2						
9	A1B1		A2B2						
10	A1B1		A2B2						
11	A1B1		A2B2						
12	A1B1		A2B2						
13	A1B1		A2B2						
14	A1B1		A2B2						
15	A1B1		A2B2						
16	A1B1			A2B2					
17	A1B1			A2B2					
18	A1B1			A2B2					
19	A1B1			A2B2					
20	A1B1			A2B2					
21	A1B1			A2B2					
22	A1B1			A2B2					
23	A1B1			A2B2					
24	A1B1			A2B2					
25	A1B1			A2B2					
26	A1B1			A2B2					
27	A1B1			A2B2					
28	A1B1			A2B2					
29	A1B1			A2B2					
30	A1B1			A2B2					
31	A1B1			A2B2					
32	A1B1			A2B2					
33				A2B2		A1B1			
34				A2B2		A1B1			
35				A2B2		A1B1			
36				A2B2			A1B1		

实训项目 3 施工进度表

工作日	底盒开孔	模块端接	桥架安装	水平布线	机柜理线	垂直系统布放	设备间安装	沟槽开挖	建筑群系统安装
37				A2B2			A1B1		
38				A2B2				A1B1	
39				A2B2				A1B1	
40				A2B2					A1B1
41		B1B2			A1A2B1B2				
42		B1B2			A1A2B1B2				
43		B1B2			A1A2B1B2				
44		B1B2			A1A2B1B2				
45		B1B2			A1A2B1B2				
46		B1B2			A1A2B1B2				
47		B1B2			A1A2B1B2				
48		B1B2			A1A2B1B2				

说明：共 4 名施工人员，A1 和 A2 为两名技术能力较强的技术工人，B1 和 B2 为两名普通施工人员。

附录 B　综合布线工程招标书（节选）

第二部分　综合布线工程需求

一、工程概况

本工程为××职业技术学院 1#宿舍楼的智能综合布线项目，本项目最高限价为人民币 80 万元。

（一）项目内容

本项目包括以下几个系统：

1. 计算机网络布线系统（包括计算机网络布线系统和语音布线系统）。

2. 布线产品及设备。

（二）建设安装总的要求

1. 综合布线工程要求是一个开放、通用系统，具良好的开放性和标准化。

（1）不同子系统、不同产品间接口如数据接口、网络接口、系统和应用软件接口，它们之间能达到"互联性"和"互操作性"。

（2）接口为通用的国际标准；接口的互换性好，可维护性好。

2. 先进性。

系统设计在技术上将适当超前，所采用的设备产品不仅成熟而且需领导技术水平。建立一个可扩展的平台，以保护前期工程和后续先进技术的衔接，使系统具有先进性。

3. 安全可靠性。

在设计上系统应提供多种方式构建一个高可靠性系统，在硬件配置方面应有冗余。

4. 模块化和可扩充性。

该系统的总体结构将是结构化和模块化的，以满足通用性和可替换性。同时系统采用模块化设计，分布式实施的方法。具有很好的兼容性和可扩充性，既可将不同厂商的设备产品集成在一个系统中，又可使系统能在日后得以便捷地扩充，也可集成新增的其他厂家的系统及设备。

5. 实用性。

系统要考虑技术和成本的适用性。应从系统目标和用户需求出发，经过充分论证，选择合适的技术和产品。中标方须与用户共同论证，满足用户需求。

6. 合理性和经济性。

（1）在保证先进性的同时，以提高工作效率，节省人力和各种资源为目标进行工程设计，充分考虑系统的实用和效益，争取获得最大的投资回报率。

（2）在设计、施工和验收时执行国家最新相关标准，没有国家标准的参考国际和行业标准。设计所选设备材料要符合各个设备厂商产品技术使用要求。

（三）用户培训

对于专业设备需进行配置与运管的培训。

（四）保修要求

弱电工程各子项除明确保修年限外，至少保修 3 年。如发生故障，投标方需在 4 小时内响应。

二、综合布线系统要求

综合布线系统包含了二个系统中的所有永久性链路，涉及的传输介质有光纤、非屏蔽双绞线等。总体要求：统一设计、统一规划、统一施工、统一管理、有效减少信号干扰。

（一）具体要求

（1）建立一套先进、完善的综合布线系统，为高性能的网络设备提供平台，为各种应用，包括数据、语音等应用系统提供接入方式，既充分满足办公大楼内各功能区域当前的使用需求，又考虑系统将来发展的需要，达到系统配置灵活、易于管理、易于维护、易于扩充的目的。

（2）综合布线系统分为通信网、办公网。采用非屏蔽布线系统。通信网从配线间（包括配线架）到工作区之间的线缆和模块采用六类 8 芯线缆。办公网从配线间（包括配线架）到工作区之间的线缆和模块部分采用六类材料。选用同一品牌设备型号的材料和设备。

（3）整个综合布线系统的传输性能应优于 ISO/IEC CLASS 5E，确保 10 年内甚至更长时间网络和通信技术的高速发展，该系统须满足当今流行的网络技术（如交换式以太网、ATM 等），特别是国际上普遍应用的千兆以太网技术的要求。为今后更先进的如万兆位网络系统应用打好坚实的基础。

（4）综合布线系统应达到目前先进的国际水平，而且还应具有高度的开放性，能为标准的智能建筑物提供一个高效率、标准和开放的基础平台。

（5）整个数据网络系统可满足数据、图像、音频、视频等多媒体应用的服务和传输能力，能灵活地通过电信运营商提供的接口以多种方式与 Internet 互联。

（6）要求安全、可靠，所选择的产品包括光缆、双绞线及其连接件必须采用名牌产品，投标方选择的产品制造商应具有 15 年以上的综合布线产品制造经验，产品质量保证及终身系统应用保证为 20 年，其制造的综合布线系统产品须获得中国信息产业部数据通信产品质量监督检验中心颁发的合格证明，并提供详细的测试数据。设备制造商生产的必须获得世界著名 UL 或 ETL 实验室的六类和超五类性能标准的认证，并提供详细的证明文件。

（二）系统构成要求

综合布线系统包括网络布线和电话布线。其中网络布线主机设备设置在大楼六层计算机机房；电话布线设备间同样在计算机机房，设置单独的机柜和配线管理设备。数据信息点布 400～500 个，语音信息点布 100～150 个。

信息点分布及配线间设置：详见平面图。

（三）主干系统安装要求

（1）主机房配线中心 MDF（Main Distribution Frame）连接到楼层配线间 FD（Floor Distributor）的办公网垂直主干要求采用 1 根 4 芯室内型多模光缆，满足竖井 OFNR/FT 4 级或通风管（阻燃）OFNR/FT 6 级要求。

（2）光纤芯径：50μm/125μm 多模光纤，多模光缆要求在 850nm 窗口处的有效带宽为 2000MHz 以上，在工作波长 850nm 时可以支持万兆以太网，传输距离达到 300m 及支持

1000Base-SX 达 1100m 距离，可向下兼容目前的 1G、100Mbps、10Mbps 以太网应用。

（四）设备间子系统安装要求

（1）在数据主配线间及各 FD 分配线间采用标准 19 英寸机柜安装的配线架及相应的网络设备。

（2）FD 分配线间水平子系统方面配线架须采用模块式配线架来管理水平数据铜缆信息点。语音垂直主干方面要求采用语音模块，并配有足够的安装背板、连接块和标签条。

（3）光纤采用 19 英寸机柜式光纤配线架，可以端接多芯多模光纤。在各个子配线间全部采用标准 19 英寸机柜式安装的所有的配线架及相应的网络设备。

（4）总配线间的光纤配线架应采用机架式设计，内有冗余线缆存放空间，插盒可旋转抽出以方便在正面、上面和背面的操作，并排除中断其他链路的可能。每个光纤配线架为 2U 或 4U 高度，应可以安装多个 ST 或 SC 耦合器，并提供相应的光纤跳线和尾纤。

（5）所有机柜均采用 19 英寸标准机柜，内备风扇、电源及门锁并应考虑以后网络设备的放置，数据总配线架采用光缆与数据主干光缆相连。

（6）光纤接头及相应的耦合器应采用较先进的高性能，低功耗光纤接头 ST，并能提供相应多种长度的（合）小型光纤连接头对 SC 头的原厂光纤跳线。

（7）实现配线管理，使用颜色编码，易于追踪和查找跳线。

（五）管理间（弱电井）系统要求

（1）主配线间配线架采用模块化方式管理主干铜缆及主干光缆。

（2）数据水平线缆端接部分要求采用 24 口六类配线架，六类配线架达 100MHz 可用带宽，该模块式配线架要求为配有线缆绑扎带，背部线缆绑扎棒可调节位置，所有端口正反面都有数字标记。

（3）六类数据模块化跳线应为 4 对 24AWG 双绞线缆，在系统中可提供 100MHz 的信道带宽，插拔寿命≥1000 次咬合。所有跳线应安放在线缆管理器内，跳线线缆的颜色和两端插头护套的颜色可分别定制，两端护套为紧凑型设计，兼容网络设备高密度的端口。

（4）按数据信息点配备原厂工作区跳线，长度尺寸适合。

（六）水平子系统安装要求

（1）将干线子系统线路延伸到用户工作区。

（2）水平子系统符合 TIA/EIA-568B.2-1 和 ISO 11801 标准等国际标准拟定的六类类铜缆指标值；数据铜缆信息点采用六类类配置。

（3）语音铜缆信息点采用三类系统，须具有较高的性价比。

（4）除必须符合对所有产品要求的标准外，必须符合 EMC 标准的电磁兼容性要求。

（5）六类类数据水平布线采用 4 对六类非屏蔽双绞线（UTP）。

（6）要有第三方国际认证实验室认证二类防火材料。

（7）要求水平子系统电缆长度为 90m 以内。

（8）接线标准采用 TIA/EIA-568B.2-1 和 ISO 11801 标准。

（七）工作区子系统安装要求

1．铜缆插座：由装饰公司完成面板安装。

2．跳线。

（1）采用原厂跳线组成。数据采用六类数据模块化跳线。

（2）六类数据模块化跳线应为 4 对 24AWG 双绞线缆，在系统中可提供 100MHz 的信道带宽，插拔寿命≥1000 次咬合。跳线缆的颜色和两端插头护套的颜色可分别定制，两端护套为紧凑型设计，兼容网络设备高密度的端口。

（3）工作区按数据信息点的数量配备原厂工作区跳线，长度尺寸适合。

（八）技术指标

1. 工作寿命。

投标工程商必须保证在工程完工通过验收合格，并由制造商承诺 20 年或以上的产品质量保证及终身的系统应用保证。

所选择的材料产品制造商应具有 15 年以上的综合布线产品制造经验，公司通过 ISO 9001 质量保证体系认证。

2. 主要设备规格及标准。

（1）信息面板：塑料结构，效果美观实用。

（2）信息模块：与固定的 GigaSPEED 水平线缆配合时，有极好的电气特性；灵巧吻合地连接至 M 系列插座面板、桌面安装盒上；可选 90°（垂直）或 45°（斜角）安装方式，且无须特别斜口面板的专利设计；多种颜色选择，标签有助于快捷、准确及方便地安装；信息插头为通用 8-位模块化插头。

（3）水平铜缆：六类非屏蔽电缆；所有电缆皆与六类组件完全兼容。

- 物理特性：芯线规格为 0.5mm，24AWG；
- 芯线对数：4 对；
- EIA/TIA 标准：六类；
- 最大平均直流电阻：9.4Ω/100m；
- 最大线对对地电容不平衡：5.6nF/100m（1kHz）；
- 最大衰减：100.0MHz，不大于 19.3dB/100m；
- 最小近端串音衰减：100.0MHz，不小于 44.3dB/100m；
- 特性阻抗：100Ω。

（4）主干部分。

① 光纤主干。

- 最小带宽：大于 220MHz/km（850nm），550MHz/km（1300nm）；
- 最大衰减：小于 3.5db/km（850nm），小于 1.5db/km（1300nm）；
- 千兆支持的距离：550m；
- 光缆芯数：4 芯，每芯带有彩色编码缓冲；
- 纤芯：50μm；包层：125μm；外套：250μm；缓冲：900μm。

② 语音主干：由运营商提供。

（5）六类非屏蔽配线架。

应具超群性能，可靠实用，确保其性能、可靠性、兼容性以及安装快捷简易等特点；须有 24 口和 48 口安装板可选，并有配线模块（DMS），标准针式接线插口（T568A 或 T568B 方式）；GigaSPEED（DMS）设计，以确保快捷简易的安装及正面和背面的接入安装可选；内设跳线和电缆走线架，并有色码标签和图标；通过 UL 认证；兼容 T568A/T568B 连线方式；传输带宽超过 100MHz；模块式配线架要求为配有线缆绑扎带，背部线缆绑扎棒可调节位置。

（6）110 语音配线架。

符合六类类性能标准，可增加配线密度，可灵活地接入各个线对和有效的对铜线主干电缆进行跳线；支持多变的跳线环境的高比特率应用，安全可靠。

（7）光纤配线架。

采用 12 口机架式光纤配线架。

（8）机柜。

采用进口板材加工；全柜经过严格的磷酸盐防腐蚀处理，达到 IP23 级安全保护标准；表面喷粉硬度达到 BS6497 国际标准；框架采用 2.0mm 厚强度钢材，可承受 500kg 重量；前、后门及侧门带锁；19" 42U；具有第三方质量检测报告。

第三部分　综 合 要 求

一、时间要求

本招标所需产品，应在合同生效之日起 30 天内或合同规定之日，完成全部产品的到货与相应安装。

成交人应提供系统安装、工程实施的施工组织设计进度计划表等文档，其中应包括到货与进场日期、现场安装、系统测试、系统联调、系统试运行、工程验收、技术培训等内容，并在用户认可后严格按计划执行。

二、项目实施地点

本项目工程的交货、安装和施工地点为：××职业技术学院 1#宿舍楼。

三、交货内容

提供交货设备的型号规格、数量、外型、外观、包装及资料、文件（如进口产品的海关进口手续、机电批文、进货单、装箱单、保修证明、保修单、随箱介质）等资料。

对交货产品、零件、配件、用户许可证书、资料、介质造册登记等内容应与装箱单对比，如有出入应立即书面记录，并由供货商解决，如影响安装则按合同有关条款处理。

经系统测试，如发现设备性能指标或功能不符合标书和合同要求时，将视为性能不合格，用户有权拒收并要求赔偿。

四、安装调试

成交人开箱验货时，应会同用户一同进行。

成交人安装、调试设备时，用户应给予协助。

系统和设备的安装调试的原始记录，经各方签字后，可作为验收文件之一。

五、测试验收

成交人对所提供设备与有关厂商签约或有关技术合作、维修、服务等文件，以副本形式提供给用户，可作为系统验收文件之一。

系统验收时，要求对各个单项产品的测试和系统联机测试，均达到标书中关于产品技术规范中的性能要求。

成交人应负责在项目验收时将系统的全部有关产品说明书、原厂家安装手册、技术文件、图纸资料等以及安装、测试、验收报告等文档汇集成册一式三份交付给用户。

本项目工程，经过系统调试及参数测试之后，进行为期一周的试运行。

试运行期间，若所有设备与系统的性能与运行稳定可靠，经验收合格，工程项目由成交人正式移交给用户；否则，由成交人负责试运行期间的一切费用，并且对系统继续进行调试，直至满足本项目的设计要求为止。

六、付款方式

本项目签定合同后，3 个工作日内，用户按合同总金额的 10%支付给成交人，作为预付款；

产品到货后，7 个工作日内，用户付至合同总金额的 40%给成交人；

产品安装调试成功后，15 个工作日内，用户付至合同总额的 95%给成交人；

为保证本项目设备和系统维护的正常进行，合同总金额的 5%作为用户向成交人收取的设备维修保证金。

本招标文件工程约定免费维修保修期为 3 年，在此期间内，如成交人依合同按时履行保修维护服务项目，待保修期满后，用户将设备维修保证金无息如数退还给成交人。

保修期内，如成交人不能依合同按时履行保修维护服务项目，用户有权动用设备维修保证金，对需维修保养的合同设备进行维修保养，并追究成交人的违约责任。

七、培训要求

投标人应根据标书采购的设备及采用的相关技术，在标书中提出全面的培训计划和课程内容安排，并在合同签定后征得用户方同意后实施。

投标人应为所有被培训人员提供培训设备、文字资料和培训讲义等相关用品，所有的资料和讲义均为中文印刷，其中，设备生产商具有正式培训课程和认证的，投标人必须提供该产品最基础的培训课程及认证。

用户有权对投标人提出的培训项目内容进行选择。

成交人应负责所有培训及培训教材的费用。

八、售后服务

（一）保修期内服务要求

（1）投标人和产品供货商对提供的产品应保证二年的技术支持售后服务，所有的主要设备均须由投标人提供一年的整机免费保修服务（提供保修证明文件），保修期自设备验收合格交付使用之日起计算。

（2）保修期内，成交人负责对其提供的设备整机进行维修，应保证每季度上门检查维护至少一次，为用户出具本季度的系统故障统计分析说明，并不再向用户收取费用。

（3）设备故障报修的响应、到达现场时间：每天 7:00—19:00 期间用户的故障报修，成交人应在 2 小时内到达现场响应；每天 19:00—24:00 期间用户的故障报修，成交人应在次日 8:00 前到达现场响应。

（4）如果设备故障在检修 8 小时后仍无法排除，成交人应在 48 小时内提供不低于故障设备规格型号档次的备用设备供用户使用，直至故障设备修复。

（5）所有设备保修服务方式均为成交人上门保修，即由成交人或原厂家派员到用户设备使用现场维修，由此产生的一切费用均由成交人承担。

（6）对于不能明确判断是否设备硬件出现故障时，成交人应尽力配合有关供应商进行检查，必要时在上述响应时间内到达现场协助排除问题。

（7）如同一设备或部件在一个月内三次出现同一故障时，成交人应给予更换成全新产品。

（8）投标人应提出保修期内的维修、维护内容和范围（产品、技术、模块、部件）。

（二）保修期后服务要求

投标人应提出保修期满后的主要产品（列出清单）的价格、维修费用和服务方式及维护范围（产品、技术、模块、部件）等，供用户参考，其费用不计入总价。

（三）售后服务要求

投标人应提供自身的售后技术支持中心、售后服务合作伙伴的详细资料，投标人与设备供应商合作提供售后服务的，还应提交投标人与设备供应商就本项目签署的合作协议副本（加盖公章）。

投标人应提供售后服务主要技术人员情况介绍与售后服务紧急联系电话。

（四）所有的谈判项目的内容

1．技术服务。

（1）投标单位必须提供谈判书中列举的工程建设安装测试、系统联调工作的方案。若本文件中提出的技术要求中存在不合理或不完整的问题时，投标单位有责任和义务提出补充修改方案并征得招标方同意后实施。

（2）投标单位应本着认真负责的态度组织技术队伍，做好投标的整体方案，并提出长期保修、维护等服务以及今后技术支持的措施、计划和承诺。

（3）从工程开始起，投标单位必须允许招标单位的工作人员参与有关的安装、调试、诊断、解决问题等各项工作，真正做到技术交底。

（4）投标单位必须提供技术服务的工作内容、工作日程表、并严格按照日程表执行。日程表内容至少应包括到货日期、到货验收、现场安装、网络联调、系统试运行、技术培训等。

（5）投标单位应负责在项目完成时将全部相关技术资料、设备参数配置资料、测试记录、运行操作手册、维护手册、验收报告等文档汇集成册交付投标单位。

2．所需文档。

设计方案、施工方案、施工规范、验收方案等，以及"投标须知"中要求的文档。

3．验收

投标单位须保证所提供的产品为原厂产品，标书中有特别规定的按所规定验收要求提供产品的验收材料。

投标单位按投标书提出的技术指标对产品的性能进行选择性测试检查，由投标单位做出测试方案和测试报告。

产品测试中出现性能指标或功能上不符合投标书时，招标单位有拒收的权利。

附录 C 教学计划列表

项 目	任 务 名 称	课 时 量
准备项目 1	任务 1 了解综合布线的意义	2
	任务 2 掌握综合布线的七个子系统	2
	任务 3 熟悉综合布线的相关标准	2
	任务 4 认识综合布线工程使用的工具（实训室参观）	2
准备项目 2	任务 1 制作 RJ45 水晶头	2
	任务 2 端接网络配线架	2
	任务 3 端接 110 型配线架和四对、五对连接块	2
	任务 4 端接数据模块和语音模块	2
	任务 5 端接大对数线缆	4
	任务 6 安装 SC 光纤快速连接器	2
	任务 7 熔接光纤	2
	任务 8 截取安装 PVC 线管	2
	任务 9 截取安装 PVC 线槽	2
实训项目 1	任务 1 了解建筑图纸	2
	任务 2 制定设计方案	2
	任务 3 绘制施工图	2
	任务 4 制作点数统计表	2
	任务 5 制作端口对应表	2
	任务 6 制作材料统计表	2
	任务 7 制作模拟施工设计图和设计表格	2
	任务 8 项目施工	4
	任务 9 系统测试与维修	2
实训项目 2	任务 1 了解建筑图纸	2
	任务 2 制定设计方案	2
	任务 3 绘制施工图	4
	任务 4 制作点数统计表	2
	任务 5 制作端口对应表	2
	任务 6 制作材料统计表	4
	任务 7 制作工程施工进度表	2
	任务 8 制作模拟施工设计图和设计表格	4
	任务 9 项目施工	6
	任务 10 系统测试与维修	2
	任务 11 制作施工总结验收报告	2

续表

项　　目	任　务　名　称	课　时　量
实训项目 3	任务 1　熟悉建筑图纸	2
	任务 2　阅读招标书	2
	任务 3　制定设计方案	2
	任务 4　绘制系统拓扑图	4
	任务 5　绘制工作区施工图	4
	任务 6　制作点数统计表	4
	任务 7　制作水平施工图	4
	任务 8　制作端口对应表	4
	任务 9　绘制管理间及设备间施工图	4
	任务 10　绘制垂直施工图	4
	任务 11　绘制建筑群子系统施工示意图	4
	任务 12　制作工程施工进度表	4
	任务 13　制作材料统计预算表	4
	任务 14　制作模拟施工的各种图表	6
	任务 15　项目施工	6
	任务 16　制作 FLUKE 系统测试报告	4
	任务 17　制作施工日志及施工总结	4
总计		166

《网络综合布线实训教程》期末试卷（A 卷）

（满分 100 分）

一、选择题（每题 2 分，共 20 分）

（　　）1. 网络综合布线工程是现代化智能建筑中重要的一环，但是其中并不包含的线缆类型是_____。

　　A. 双绞线　　　　B. 同轴电缆　　　　C. 220V 电线　　　　D. 光纤

（　　）2. 综合布线系统中直接与用户终端设备相连的子系统是_____。

　　A. 工作区子系统　　　　　　　　B. 水平子系统

　　C. 管理间子系统　　　　　　　　D. 垂直子系统

（　　）3. 综合布线系统中用于连接楼层管理间和建筑物设备间的子系统是_____。

　　A. 工作区子系统　　　　　　　　B. 水平子系统

　　C. 垂直子系统　　　　　　　　　D. 建筑群子系统

（　　）4. 建筑物中有两大类型的通道，即封闭型和开放型。下列通道中不能用来敷设垂直干线的是_____。

　　A. 电梯井　　　　B. 水表井　　　　C. 楼梯间　　　　　D. 电力井

（　　）5. 工程中需要粘贴标签的地方不包括_____。

　　A. 水平线缆的工作区一端　　　　B. 水平线缆的管理间一端

　　C. 工作区的信息底盒内部　　　　D. 管理间机柜中的配线架

（　　）6. 根据建筑群子系统的设计规范，园区内建筑物之间的线缆敷设可以采用的方式是_____。

　　A. 地下管道敷设　　　　　　　　B. 电缆沟敷设

　　C. 架空敷设　　　　　　　　　　D. 以上都对

（　　）7. 永久链路全部长度应该小于等于_____。

　　A. 90m　　　　　　　　　　　　B. 95m

　　C. 100m　　　　　　　　　　　 D. 以上都不对

（　　）8. 根据 GB 50311—2007 标准，综合布线系统中的唯一一个必须添加的，也就是强制安装的设备是_____。

　　A. 稳压电源　　　　　　　　　　B. 不间断电源

　　C. 浪涌保护器　　　　　　　　　D. 以上都不对

（　　）9. _____是每一层中安放通信设备的场所，也是线路管理维护的集中点。

　　A. 设备间　　　　　　　　　　　B. 管理间

C．进线间　　　　　　　　　　　　　　　　D．以上都对

（　　）10．下列的线序可以实现网络正常通信的是_____。

A．橙白、橙、绿白、蓝、蓝白、绿、棕白、棕

B．绿白、绿、橙白、蓝、蓝白、橙、棕白、棕

C．橙白、蓝、绿白、橙、蓝白、绿、棕白、棕

D．以上都可以

二、填空题（每空 1 分，共 10 分）

1．_____（填写子系统名称）主要用于连接建筑园区设备间和建筑物的设备间，通常安装在建筑物竖井中。

2．水平缆线与建筑物主干缆线及建筑群主干缆线组成的信道总长度不应大于_____m。

3．工作区设备缆线，电信间配线设备的跳线和设备缆线之和不应大于_____m。

4．管理间和设备间的湿度要求范围是_____。

5．安装在地面上的信息点接线盒应符合防水和抗压的需求，应该使用_____。

6．根据国家规范，金属桥架的支撑吊架间距应该在_____之内。

7．在穿线的时候，对线缆的拉力必须有一定的限制，比如 2 根 4 对 UTP 线缆的拉力应该小于_____。

8．在进行配线架端接的时候，应该保证每一根线芯在端接后露出的长度不超过_____，太长则会引起较大的近端串扰影响数据传输速度。

9．根据 25 对大对数线缆的色谱，第 19 对应该是_____。

10．测试光纤的时候，需要待数值稳定，查看测试阈值在_____范围之内，则表示损耗不高，可以使用。

三、判断题（每题 2 分，共 20 分）

（　　）1．在综合布线系统中，工作区的含义就是一个可以提供工作的房间。

（　　）2．管理间子系统和设备间子系统可以合并起来使用一个房间。

（　　）3．为了节约资金和占地面积，减少工程量，底盒中的信息点数量应该越多越好，市面上的三插座底盒应该大量推广。

（　　）4．配线子系统在设计的时候应该充分考虑到建筑物各层需要的信息点数量，并且配线系统应该留有扩展余地。

（　　）5．机架或机柜前面的净空不应该小于 800mm，后面的净空不应小于 600mm。

（　　）6．在实际工程项目中，网络配线架的线序需要根据配线架上的色标进行端接，没有统一线序标准。

（　　）7．光纤冷接的方式高效快捷，是未来能够替代熔接的一种方法。

（　　）8．在线槽线管中进行布线时，应该根据横截面积确定线缆的数量，不能太多，以免因为线缆挤压造成传输效率下降。

（　　）9．材料统计表的作用是用于成本核算，没有其他的使用意义。

（　　）10．综合布线工程中难免遇到线缆难以布放的情况，这时可以使用 CP 集合点来解决，但是在设计过程中不能使用。

四、简答题（每题 5 分，共 20 分）

1．如何判断 RJ45 水晶头质量的好坏，请至少列出三种以上的鉴别方法。

2．简述研读建筑图纸对综合布线设计有什么重要的意义。

3．简述端口对应表中包括的内容。

4．简述影响施工进度的因素。

五、论述题（每题 10 分，共 20 分）

1．如何理解综合布线工程和未来物联网及智能家居的关系？

2．在布线系统的通断测试中常见的问题都有哪些？应该怎么解决？

六、实例题（共 10 分）

在一个布线工程中，信息点数量统计表如下所示，假设楼层管理间和设备间紧邻竖井，请根据语音信息点数量和楼层特点，计算垂直子系统共需要购买多少 25 对大对数线缆？（假设楼层高度为 4m）

信息点数量统计表

房间编号	数据点数量	语音点数量	TV 点数量	合计
11 层	25	18	3	46
10 层	25	18	3	46
9 层	25	18	3	46
8 层	19	15	3	37
7 层	25	12	3	40
6 层	25	12	3	40
5 层	25	12	3	40
4 层	24	15	3	42
3 层	20	15	3	38
2 层	15	10	3	28
1 层	15	10	3	28
总计	243	155	33	431

《网络综合布线实训教程》期末试卷（B 卷）

（满分 100 分）

一、选择题（每题 2 分，共 20 分）

（　　）1. 整个综合布线系统中耗费资金最多的子系统是_____。

　　A．工作区子系统　　　　　　　　B．水平配线子系统

　　C．垂直干线子系统　　　　　　　D．管理间子系统

（　　）2. 综合布线系统中用于连接两幢建筑物的子系统是_____。

　　A．工作区子系统　　　　　　　　B．水平子系统

　　C．管理间子系统　　　　　　　　D．建筑群子系统

（　　）3. 综合布线系统中用于连接信息插座与楼层配线间的子系统是_____。

　　A．工作区子系统　　　　　　　　B．水平子系统

　　C．管理间子系统　　　　　　　　D．建筑群子系统

（　　）4. 下列墙体结构中，强度最大的是_____。

　　A．钢筋混凝土框架　　　　　　　B．混凝土承重墙

　　C．混凝土非承重墙　　　　　　　D．砖砌墙体

（　　）5. 以下机柜理线方式中最常使用的是_____。

　　A．瀑布式理线　　　　　　　　　B．逆向理线

　　C．正向理线　　　　　　　　　　D．以上都不对

（　　）6. _____是建筑物外部通信和信息管线的入口部位，并可作为入口设施和建筑群配线设备的安装场地。

　　A．管理间　　　　　　　　　　　B．设备间

　　C．进线间　　　　　　　　　　　D．以上都不对

（　　）7. 一般不属于管理间的使用设备的是_____。

　　A．交换机　　　　　　　　　　　B．配线架

　　C．110 型跳线架　　　　　　　　 D．路由器

（　　）8. 端口对应表中应该体现的内容不包括_____。

　　A．工作区编号　　　　　　　　　B．配线架编号

　　C．配线架端口号　　　　　　　　D．管理间房间号

（　　）9. 垂直子系统主要采用的传输介质不包括_____。

　　A．主干光缆　　　　　　　　　　B．大对数线缆

　　C．三类双绞线　　　　　　　　　D．六类屏蔽双绞线

（　　）10. 以下不是 FLUKE 测试的内容的是_____。

　　A．接线图　　　　　　　　　　　B．电阻

　　C．长度　　　　　　　　　　　　D．近端串扰

二、填空题（每空 1 分，共 10 分）

1. _____（填写子系统名称）采用的安装方式主要是钢缆架空或者地下敷设。

2. 配线子系统信道的最大长度不应大于_____m。

3．安装在墙面或柱子上的信息插座底盒、多用户信息插座盒及 CP 集合点配线箱体的底部离地面的高度应为_____mm。

4．管理间和设备间的温度要求是_____。

5．根据 GB 50311—2007《综合布线系统工程设计规范》的强制性标准，当电缆从建筑物外面进入建筑物时，必须安装_____。

6．超五类线缆支持的最大带宽为_____。

7．TIA/EIA 568 标准要求的双绞线电缆线对的缠绕方向为_____。

8．工作区子系统中直接要和用户的条线相连接的部件设备是_____。

9．根据 25 对大对数线缆的色谱，第 22 对应该是_____。

10．光纤熔接的工作过程中要戴上护目镜，主要的目的是为了_____
_____。

三、判断题（每题 2 分，共 20 分）

（　　）1．设备间子系统和进线间子系统可以合并起来使用一个房间。

（　　）2．设备间、电信间、进线间的配线设备应该采用各种相同颜色的线缆进行配线。

（　　）3．六类双绞线和五类双绞线的不同点在于六类线缆的中心有一个十字形的塑料架将 4 对线芯隔离开，其他的都完全相同。

（　　）4．FTTH 光纤目前是主干线路上使用最多的光纤。

（　　）5．在家庭装修中，强电插座的数量应该尽量多一些，保证用户在使用中感到方便。但是弱电插座没有必要设计过多，只要和终端数量保持一致就可以了。

（　　）6．端口对应表应该保证各个端口的编号长度统一。

（　　）7．绑扎线缆的时候不能太紧，只要保证不会松动滑脱就可以达到目的。

（　　）8．对于规模较大的布线系统工程，为提高布线工程维护水平与网络安全，宜采用电子配线设备对信息点或配线设备进行管理，以显示与记录配线设备的连接、使用及变更状况。

（　　）9．在布线系统中可以使用超五类双绞线来代替语音线缆。

（　　）10．进线间绝对不允许和其他房间如管理间和设备间共用。

四、简答题（每题 5 分，共 20 分）

1．在综合布线工程中，线缆要求整洁明晰而不能是混乱无序的，为什么？请说出至少两个原因。

2．请写出 T568A 和 T568B 的线序。

3．简述在综合布线设计中需要考虑哪些建筑中原有的管线。

4．简述施工进度表的作用。

五、论述题（每题 10 分，共 20 分）

1．请详细描述如何挑选质量较好的双绞线。

2．在计算某一个信息点的线缆长度时，应该采用什么方法，同时应该注意什么问题，请详细列出计算步骤。

六、实例题（共 10 分）

假如一个布线工程中，信息点点数统计表如下页所示，请计算需要采购多少个 24 口网络配线架和 110 型跳线架？请写出详细的计算过程。

信息点数量统计表

房 间 编 号	数据点数量	语音点数量	TV 点数量
11 层	90	18	3
10 层	92	18	3
9 层	90	18	3
8 层	92	15	3
7 层	85	12	3
6 层	88	12	3
5 层	88	12	3
4 层	88	15	3
3 层	88	15	3
2 层	65	10	3
1 层	65	10	3
总计	931	155	33

《网络综合布线实训教程》期末试卷答案（A 卷）

（满分 100 分）

一、选择题（每题 2 分，共 20 分）

1	2	3	4	5	6	7	8	9	10
C	A	C	A	C	D	C	C	B	D

二、填空题（每空 1 分，共 10 分）

1. 建筑群子系统
2. 2000
3. 10
4. 20%～80%
5. 120 型金属面板
6. 2m
7. 150N
8. 14mm
9. 黄棕
10. 2.0dB

三、判断题（每题 2 分，共 20 分）

1	2	3	4	5	6	7	8	9	10
错	对	错	对	对	对	错	对	错	对

四、简答题（每题 5 分，共 20 分）

1.

（1）外部表面光滑，各部位材质相同，透明度高，无杂质。

（2）水晶头背面的塑料弹片韧性好。

（3）水晶头放在手中轻微晃动，如果响声清脆。

（4）水晶头与设备连接后结合紧密，不产生晃动。

（5）金属端子的边缘整齐而且没有金属毛刺。

（6）水晶头铜片颜色应为金黄色，无发黑的情况出现。

（7）用刀片刮水晶头的金属接触片部分，金黄色无法刮掉。

2.

（1）确定各房间的功能和建筑物尺寸。

（2）了解建筑结构和建筑材料。

（3）分析对综合布线有影响的各种因素。

3.

信息点完整编号，有以下几条组成：工作区编号、底盒编号、底盒内的信息点编号、信息点类型、配线架编号、配线架端口号。

4.

影响施工进度的因素是工程量、施工难度、技术人员数量、工人素质、薪酬标准。

五、论述题（每题 10 分，共 20 分）

1.

综合布线在 20 世纪的 80 年代开始逐渐兴起，它结合了计算机技术、网络技术、电工技术、建筑技术等各方面内容。随着网络的普及，综合布线和建筑业越来越密切相关，几乎每一座新建建筑物都进行了网络建设工程，并且随着技术和工程管理的进步，它和其他弱电工程以及暖通工程也产生了相辅相成的关系。近年来，随着大数据和云计算的快速发展，大型数据中心的数量增加，对综合布线的要求越来越高。并且随着物联网和智能家居行业发展速度的加快，综合布线的发展前景也会有巨大的空间。

网络在日常生活中的应用越来越广泛，随着周围的一切都接入到互联网中，几乎每一座建筑物每一个房间都需要进行和网络有关的工程。在一个复杂的工程中可能包含了多种线缆多种设备，形成一个综合性的系统工程。

2.

（1）指示灯不能全亮：

检 测 原 因	维 修 方 法
配线架端接没到位，个别线芯没压到底	对应线芯，再次用力压下，再进行检测
模块端接没有到位，个别线芯没有压到底	找到对应线芯，再次压线，再进行检测
剥除线皮的时候造成线芯折断	剪去线芯再次剥除线皮再次端接
线缆的中间受损造成个别线芯断开	拆除原有线缆重新进行布线并进行测试

（2）指示灯闪烁顺序错误：

检 测 原 因	维 修 方 法
配线架端接顺序错误	拆除错误的几根线芯调整位置再次端接
网络信息模块端接顺序错误	拆除错误的几根线芯调整位置再次端接

（3）指示灯全部不亮：

检 测 原 因	维 修 方 法
配线架端接错位	寻找正确的线缆并重新端接
网络信息模块端接错位	寻找正确的线缆并重新端接
配线架端接所有线芯都没有压到底	较为罕见。再次进行端接，并检测通过
网络信息模块端接所有线芯都没有压到底	较为罕见。再次进行端接，并检测通过
线缆折断	拆除原有线缆重新进行布线并进行测试
CP 集合点没有端接或错位	寻找正确的线缆并重新端接

六、实例题（共 10 分）

通过计算可以得到，每一个语音点需要使用 4 芯，每一根 25 对大对数线缆共有 50 芯，可以满足 12 个语音点使用。由此可以得到每一层的大对数线缆根数。

1 层需要 1 根、2 层需要 1 根、3 层需要 2 根、4 层需要 2 根、5 层需要 1 根、6 层需要 1 根、7 层需要 1 根、8 层需要 2 根、9 层需要 2 根、10 层需要 2 根、11 层需要 2 根。

根据题意，设备间和管理间紧邻竖井，1 层只需要一般的长度为 4m，2 层至 11 层分别多加 4m。如下表所示。

1层	2层	3层	4层	5层	6层	7层	8层	9层	10层	11层
1	1	2	2	1	1	1	2	2	2	2
4	8	12	16	20	24	28	32	36	40	44
4	8	24	32	20	24	28	64	72	80	88

然后将以上数量累加，可以得到 444m。

注：如果学生没有将 1 层的线缆数量设为 4m，也可以根据实际做题情况，只要计算方法正确即可。

《网络综合布线实训教程》期末试卷答案（B 卷）

（满分 100 分）

一、选择题（每题 2 分，共 20 分）

1	2	3	4	5	6	7	8	9	10
B	D	B	A	C	C	D	D	C	B

二、填空题（每空 1 分，共 10 分）

1. 建筑群子系统
2. 90
3. 300
4. 10～35
5. 浪涌保护器
6. 100M
7. 逆时针
8. 信息模块
9. 紫橙
10. 防止光纤切割时产生的碎片飞溅进入眼睛

三、判断题（每题 2 分，共 20 分）

1	2	3	4	5	6	7	8	9	10
对	错	错	错	错	对	对	对	对	错

四、简答题（每题 5 分，共 20 分）

1.

在一个复杂的工程中可能包含了多种线缆多种设备，形成一个综合性的系统工程。在这种工程中，线缆的合理布置就显得非常重要，整洁合理的布线能够清楚地表示所有线缆的意义和对应的方向，混乱的布线就会让整个网络变得混乱，给工作带来极大的不便。

2.

T568A：绿白、绿、橙白、蓝、蓝白、橙、棕白、棕；

T568B：橙白、橙、绿白、蓝、蓝白、绿、棕白、棕。

3.

水管的位置、强电的位置、其他管线的位置（地暖、空调、新风）。

4.

施工进度表的作用看起来很简单，仅仅是提供一个工程进度的大致预估，但实际上却并非如此。首先，施工进度表不是任何设计人员都能制作的，它需要根据施工人员的人数和工作能力而定，还要考虑工程的施工难度；其次，它可以作为一个施工团队的考核办法，对施工人员进行督促，必要的时候也可以利用它对工人的薪酬进行调整，以达到提高工作效率、降低管理成本的目的。

五、论述题（每题 10 分，共 20 分）

1.

铜芯直径：可以使用游标卡尺测量外径。优质超五类线的线径应略大于 0.5mm。

线芯材质：正常的线缆应该使用优质的铜，差一些的线缆，也可以使用铝或铁等材料作为线芯。

外层胶皮：具有阻燃特性，一旦火苗离开就会熄灭。

缠绕圈数：优质的双绞线各线对的缠绕圈数是不一致。

线缆长度：拉出一段用比较准确的尺子测量，如果数量比较准确就表示线缆比较规范，如果有缩水较多就表示线缆的质量不会太好。

注：以上可以任意选择三条写出来。

2.

计算线缆长度通常需要以下几个步骤：

（1）首先通过图纸进行测量，确定一条线缆的各个部分的总长度。

（2）确定水平线缆两端需要的线缆长度。

（3）将上述两个部分相加得到这条线缆的总长。

（4）计算购买线缆的长度误差。

（5）最后汇总线缆总长。

六、实例题（共 10 分）

因为一个配线架的接口数量为 24，通过计算可以得到下列表格。

1 层	2 层	3 层	4 层	5 层	6 层	7 层	8 层	9 层	10 层	11 层
3	3	4	4	4	4	4	4	4	4	4

总数量为 42 个，考虑到损坏等因素，需要多采购 20%的数量冗余，基本采购数为 50 个。

一个跳线架的语音接口数量为 48 个，每一楼层一个共计 12 个，加上采购冗余，共计 13 个。

附录 E 课后理论习题

准备项目 1

1．和综合布线工程相关的行业有哪些？

2．一项综合布线工程都包含什么内容？

3．请结合自己家和自己见过的建筑物，思考在建筑物内都有什么类型的线缆，这些线缆有什么不合理的地方？为什么？

4．综合布线包含哪七个子系统？它们都位于建筑物的什么位置？

5．翻阅资料或本教材，查找 GB 50311—2007 中，强制性标准有什么？为什么这些标准被制定为强制性标准？

6．解释以下名词：永久链路、跳线、主干缆线、信息插座，并在书本上的图示中指出他们的位置。

7．GB 50311—2007 中对信道长度和线缆长度的规定包括哪些？

8．CP 集合点是做什么用的？它的位置为什么不能固定？

9．工作区划分的基本原则有哪些？

10．水平配线子系统使用的线缆都有哪些？

11．管理间为什么要使用多种颜色的线缆进行配线端接？种类丰富的各种标签有什么具体的意义？

12．查找目前流行的综合布线管理系统都有什么？电子配线架是什么？

13．管理间和设备间的建筑要求都有哪些？对温、湿度等环境要求是？这些要求有什么意义？

14．布线系统的测试指标都有哪些？

15．GB 50311—2007《综合布线系统工程设计规范》中唯一一条强制性标准是什么？为什么？

16．请列举出来三种以上的端接工具，并说明它们分别用于什么场合。

17．请列举出来三种以上的光纤工具，并说明它们分别有什么用途。

准备项目 2

1．如何鉴别水晶头的质量好坏？

2．根据国际通行的标准，超五类双绞线使用时的线序有两种，分别是什么？

3．如何根据双绞线的特性鉴别其质量的好坏？

4．简述超五类水晶头的制作方法。

5．制作水晶头时应该有什么样的具体要求，怎么遵守这些规范才能制作出质量合格的水晶头？

6．简述配线架的端接方法和步骤。

7．为什么线芯必须要卡在配线架端接模块的中间，不允许有太多的偏移？

8．简述110型跳线架的作用以及端接时常见的问题。

9．信息模块的端接应该参照什么样的线序？端接过程中经常会出现什么问题？

10．各种线缆端接之后需要进行测试，测试中出现的问题可能会有哪些？根据自己的理解，这些问题应该怎么处理？

11．25对大对数线缆的线序色谱是什么？

12．简述SC光线快速连接器的安装方法。

13．光纤冷接中常见的问题都有哪些？应该怎么处理？

14．主干光缆的内部结构组成是什么样的？

15．简述开缆和光纤熔接的步骤方法。

16．在光缆开缆和光纤熔接过程中应该如何做好劳动保护？

17．PVC线管的规格都有哪些？

18．PVC线槽的规格都有哪些？

19．PVC线槽在使用钢锯截取之后需要进行接头的打磨，目的是为了什么？

实训项目 1

1．建筑结构和材料对综合布线的影响有哪些？

2．建筑图中的管线位置对综合布线的影响有哪些？

3．从综合布线线缆与电力电缆的间距规定中，可以看到金属线槽线管的作用是什么？

4．信息点位置的相关规定有哪些？

5．在家庭装修中，线缆的选择需要考虑哪些问题？

6．点数统计表中包含哪些内容？从中可以得到什么重要的信息？

7．端口对应表有什么作用？

8．端口对应表中都包含什么内容？这些内容有什么意义？

9．端口对应表的长度应该保持一致的原因是什么？在实际施工中有什么意义？

10．在本实训项目中，材料统计表的两个重要作用是什么？

11．材料统计表中的包含内容都有哪些？

12．在本实训项目中，需要准备的工具有哪些？

13．施工中需要进行的安全措施应该包含哪些劳动保护工具？

14．本实训项目中工作顺序是什么？为什么要使用这个顺序？

15．项目施工中哪些步骤需要用到标签？这些时候使用标签的作用是什么？

16．穿线拉力不能过大的原因是什么？拉力的限制是多少？

17．一般常用的超五类双绞线的弯曲半径不能小于多少厘米？为什么？

18．测试后经常出现的问题都有哪些解决方法？

实训项目 2

1．在一个比较复杂的项目中，影响到布线设计和施工因素的都有哪些？

2．竖井在综合布线工程中的作用是什么？

3．工作区和房间的不同点在哪里？

4．综合布线工程中的永久链路长度最多是多少？如果工作区的跳线长度太长，应该怎么限制永久链路的长度？

5．地面使用的面板和墙面使用的面板有什么不同？

6．各种配线间的线缆最好使用不同的色标，这样有什么好处？使用的不干胶标签有什么要求？

7．楼层配线间的设置和设计有什么具体要求？

8．机柜的安装在位置上有什么特殊要求？

9．波纹管的作用是什么？

10．在本实训项目中，为什么所有电话信息点还是使用数据信息模块而不用三类语音模块？

11．施工进度表有什么意义？

12．影响施工进度的因素有哪些？施工的难度通常都表现在哪些地方？

13．本实训项目中施工的顺序是什么？水平布线的步骤是什么？

14．常见的机柜理线方法有哪些？哪一种是最合理且用得最多的？

15．CP 集合点是什么？它有什么作用？为什么在设计中不能出现？

16．FLUKE 测试中常用的测试指标有哪些？

17．测试不合格的接线图有哪些种？

实训项目 3

1．招投标工作的意义是什么？

2．招标书的重点是什么？在制定投标书时应该注意什么问题？

3．设计协调会记录表中主要应该包括什么内容？

4．六类线缆有什么优点？它可以达到什么样的标准？

5．设计垂直子系统应该注意哪几条重要的基本原则？

6．垂直子系统的布放应该在什么地方？什么情况下应该采用屏蔽方式？

7．设备间的设计原则包括哪些？

8．建筑群子系统的设计原则有哪些？

9．进线间能否和设备间共用？设计时应该注意哪些原则？

10．比较复杂的系统拓扑图应该包含哪些内容？哪些地方应该使用比较准确的数值？

11．工作区施工图通常是三视图中的哪一种？为什么要求数值非常准确？

12．管理间和设备间施工图应该包括哪些重要内容与数值？

13．垂直施工图中应该包含哪些内容？有哪些基本原则需要注意？

14．建筑群子系统的施工图有什么作用？其中重要的内容都有什么？该如何表示？

15．复杂的施工进度表中需要将每一个人的工作进度安排比较详细地列出来，这其中需要注意什么问题？

16．复杂的较大的工程中应该有一个比较详细的预算表，这个表中比前两个项目中多出来什么内容？计算方法上有什么不同？

17．垂直子系统的施工方法有什么要点？

18．详细的 FLUKE 报告中使用的是什么软件？输出报告的基本步骤有哪些？

19．为什么在复杂工程中需要一个施工日志？施工日志中有什么内容？这些内容分别具有什么意义？